LIFE

IIJIMA Nami's homemade taste

LIFE 2

平常味

這道也想吃、那道也想做！的料理

料理設計家　飯島奈美著
攝影　大江弘之

LIFE 2

這道也想吃、那道也想做！的料理

目錄

料理擁有讓人愛上的力量

糸井重里

看到本書書名的「2」，就應該知道這是《LIFE 家庭味 一般的日子裡也值得慶祝！的料理》系列食譜中的第2本。

不過其實讀起來並沒有續集的感覺。原因在於當初的企劃便是如同父母商量「要生幾個小孩呢？」想要先生大女兒，再一個妹妹，然後……大女兒出生的時候，雖然足足呈現了22道食譜，但還有很多很多想做的料理，所以接下來就交給妹妹了。我們抱持著這樣的想法，從那時就已經開始籌備這本書。

所以，即使是先認識妹妹，再認識姊姊，也就是先看這本書，先做這本書裡面的料理，也完全沒有關係。

甚至如果最先看的是現在這時候都還沒出版的《LIFE 3》，我覺得也不錯。

我認為，吃進嘴裡的美食，其實能讓我們感受到製作人的心。

怎麼做會比較好、怎麼樣能讓對方高興、想讓對方過什麼樣的生活……這些想法都能透過飯桌上的料理呈現出來。

說起來也不怕讓人誤會，我因為製作這本書的關係，必須經常反覆品嘗飯島小姐的料理，而在這個過程中，變得越來越喜歡飯島奈美這個人。像個小歌迷一樣，嚮往著心中最愛的偶像舉辦演唱會。

而且還不只這樣。對於常在家中重現《LIFE》書中料理的妻子，我也感到比以前更加親密。

也許你會覺得我在開玩笑，但這是真的。（做飯的人和吃飯的人之間的關係，搞不好和餵食動物具有相同的效果。）

對了，之前的《LIFE》中也提到過，在這裡要重新和各位「約定」一下。

＊首先，不要花心思鑽研其他烹調技巧，完全遵循食譜的步驟來料理。

＊請和自己喜歡的人一起做、一起吃。

這不但是希望能「拜託」各位做到的「約定」，同時也是飯島奈美小姐料理的「訣竅」。希望大家能從一而再、再而三地烹煮、享用本書料理的過程中，體會到食譜背後眾多的「貼心」與「考量」。

《LIFE》系列所呈現的料理，基本上可說是非常「普通」的「家常料理」。這一輩子應該會煮到、吃到成千上百次，所以一次也好，試著認真地「完全按照食譜」來料理看看吧。

接下來，要讀、要煮、要給人，都是你的自由了。

但願《LIFE 2 這道也想吃、那道也想做！的料理》所到之處，都能充滿幸福美好。

本書使用的調味料

書中沒有特別說明的基本調味料，讀者可依以下說明使用。

醬油——使用濃味醬油。

鹽——使用鍋釜煎煮海水所得到的「粗鹽」。

砂糖——使用雙目糖（粗粒白糖）。也可以使用日本精緻上白糖或細砂糖。

油——使用太白麻油或沙拉油。（譯註：太白麻油是指將生芝麻直接榨成的油。）

奶油——使用含鹽奶油。一盒200克的奶油可以切成20等份方便使用。（1片約10克。）

酒——如果是說日本酒和紅白酒等，指的就不是料理用酒，而是嗆味的一般飲用酒。

味醂——使用本味醂。（譯註：本味醂含酒精成分達13.5%～14.5%，而另一種常見的味醂風味的調味料，酒精成分相當低。）

高湯——高湯用昆布和柴魚片熬製而成。高湯用的昆布先泡水30分鐘，然後直接開火加熱至即將煮滾前取出。接著放入柴魚片，稍微煮滾之後熄火，待材料沉下後過濾就完成。

本書使用的工具

書中沒有特別說明的基本料理工具，
讀者可依以下說明準備。
其他必要的工具，
會在該道食譜材料的部份說明。

- 料理用磅秤
- 量匙
- 量杯
- 菜刀
- 砧板
- 攪拌盆（大、小）
- 篩子（大、小）
- 備料盤（大、小）
- 平底鍋
- 單柄鍋
- 雙柄鍋（大、小）
  大鍋的深度最好足夠
  將義大利麵輕鬆煮好。
- 食物用保鮮膜
- 鋁箔紙
- 電子鍋
- 磨泥器
- 削皮刀
- 烤肉夾
- 湯杓
- 鍋鏟
- 長筷
- 木鏟
- 橡皮刮刀（耐熱）
- 廚房紙巾
- 紗布

美味的納豆。

材料（2碗份）

納豆
- 小顆納豆　2盒（合計100克）
- 芥末（盒裝納豆附的）　少許

配料
- 鮪魚紅肉　100克
- 山藥　10公分（約120克）
- 紅蔥　2支
- 醃漬物　適量
（米糠醃小黃瓜、醃漬黃蘿蔔、柴漬紫蘇茄子等清脆口感的醃漬物，吃剩的也沒關係。）
- 醃梅子　大顆1顆（約20克）

沾醬
- 醬油　1大匙
- 味醂　1大匙
- 白芝麻粉　$1/2$大匙

以上：醃製鮪魚的醬汁

包料／撒料
- 烤海苔　適量

製作納豆飯的額外食材
- 白飯
- 蛋黃
- 醬油

以上隨意適量

製作重點

放假的時候，全家都出門了，只剩爸爸一個人在家。
這就是爸爸白日獨自小酌時最期待的秘密美味。
不但可以當成下酒小菜，也可以配白飯，或是做成手捲。
這道菜「最高級」的部份，當然就是使用了鮪魚紅肉。
如果想要更豪華一點，海膽或鯛魚也是很好的選擇。
平常的話，加上魩仔魚就很好吃了。
用魩仔魚做成的「美味納豆」，除了當下酒菜直接吃之外，
還可以搭配現煮的義大利麵。
配料部份的紅蔥，想改用萬能蔥（台灣的珠蔥，
多取用蔥青色的部份。）或長蔥也行。
加一點茗荷或是青紫蘇也不錯。

做法

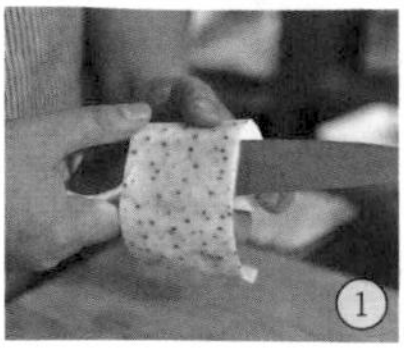

山藥削皮。

切片，厚度約5公釐。

切成粗條後再剁碎，
裝入待會要直接上桌的碗中。

醃漬物也剁碎後裝入同一個碗。

紅蔥切碎。
等一下才會使用到，另外裝盛。

醃梅子去核剁碎。

鮪魚紅肉切成6～7公釐的小塊。

加入醬油和味醂醃漬5分鐘。

利用這個時間把納豆攪拌出絲。

將拌好的納豆，倒入裝了山藥和醃漬物的碗中。

烤海苔切成包料後容易入口的大小。

倒掉醃鮪魚多餘的醬汁，加入白芝麻粉拌勻。

將醃鮪魚裝到碗裡，再放上紅蔥、剁碎的醃梅子和芥末，就完成了。

全部攪拌均勻後，用烤海苔片包起來就可以享用。

拌飯的話還可以加入蛋黃和少許醬油，或是依照自己的口味撒一些烤海苔。

冰箱裡的老朋友

西川美和

我記得自己剛滿七歲的某天早上，曾經為了買納豆而穿著小學制服在街上邊跑邊哭。那天早上爸媽大吵一架，起因只是爸爸的一句話。一早他看了桌上的早餐後，脫口而出一句：「怎麼什麼都沒有？」我們家因為和年紀已經大了的爺爺奶奶同住，早上媽媽一定都會煮好味噌湯和白飯，只不過那天剛好前晚的剩菜沒有爸爸喜歡的東西，家裡的雞蛋和自己做的醬菜又都吃完了，種種巧合湊在一起，變得一發不可收拾。我本來還沒感覺，以為爸爸在亂發脾氣，只顧大口嚼著自己的烤麵包。

夫妻吵架一開始其實只要好好地安撫，將對方打開的手槍保險關回去，就沒事了。但也是有一邊說著：「好了，把槍放下來。」一邊又抓住對方的手槍不放，在旁人看來完全不是想關保險的動作，因而導致擦槍走火，最後演變成正式宣戰的混亂情況。我的爸媽其實不是真的愛吵架，不過他們那時的確誤判了情勢，把對方手槍的扳機當成了保險。

就像小小的火花落到了漏氣的瓦斯爐上，一瞬間餐桌的戰火熊熊燃起，家裡的其他人完全無法插手。媽媽行使了她的特權，把錢包塞給小小的我，遷怒地出了個大難題：「去買個納豆什麼的回來！」當時是早上七點半，而且是還沒有便利商店的時代。這明顯是對爸爸怒氣的抗議，但下不了台的爸爸也開不了口阻止。我只能在心中嘀咕著：「怎麼可以這樣。」然後將所有希望寄託在納豆上，跑向附近的雜貨店，砰砰砰地敲著他們的玻璃門，大喊：「請開門！請開門！」可是住在店面二樓的老闆娘一家應該是沒聽見，不然就是對方早上也正在忙，總之玻璃門內的碎花布簾彷彿銅牆鐵壁一般，動都沒動一下。

無聊的講古就說到這裡。老實說，當時如果真的買到納豆帶回去，我也懷疑到底能不能平息紛爭。不過從那之後，我發現自己似乎發展出一種和納豆黏性一樣難纏的執著個性。

一九八〇年代日本商業捕鯨遭禁，我看著規模龐大的示威遊行影片，沒有察覺這和捕鯨人養家活口的問題相關，只是發出：「是有多喜歡吃鯨魚啊。」這樣的感嘆。然後我聯想到的是，假如哪天政府要禁掉某種食物，我會強烈反彈到也去參加示威遊行的程度，大概就是納豆了吧。甚至當時還想在自己的中學朋友中，尋找發生狀況時也願意參加示威遊行的納豆同好。只是想歸想，心裡大概也知道不過就是納豆，和殺死有智慧的鯨魚還是不一樣。不過對食物自給率低下的日本來說，能夠以「4盒88日圓」這麼驚人的便宜價格，買到納豆這所謂冰箱裡常駐的好朋友，已經算是絕大的幸福了，看著新聞的同時，才驚覺這份幸福其實很有可能一吹而散，只能抱持著惶惶不安的心情，默默祈禱這份幸福能夠持續。

我並不是個一定要吃到某種東西的美食主義者，而且平日生活作息本來就非常不規則，納豆之於我可說是絕對不會背叛的好朋友。有時候好幾天都沒出門，有時候又幾個禮拜不在家。老實說我的習慣會讓人有點受不了，心血來潮時的確是會趁著新鮮料理烹調，但大部分時候是把一大半食材放到過期。久久一次打開冰箱，當初買的那些好料都跑哪去了？只剩下像是卸了妝的黃臉婆，那樣形貌的食物斜睨著我。能夠把被嚇得想拔腿就跑的我留下來的，也就只有冰箱裡的老朋友納豆了。

打開非常普通的白色外盒，裡面的豆子已經不是新鮮飽滿的樣貌，反而活像是佝僂的老人般沾了一層白白的粉，感覺沒有任何彈性與力量。即使還是會開口抱怨，但也不能怎麼樣，而且勉強可以湊合著當晚飯。「還好你還沒臭掉。」我說。「不是喔，我本來就是臭的啊！」納豆回答。這樣的說法完全地安慰了我啊。想到不管在哪個時代，都一定會有一部份的人討厭納豆、不吃納豆，但是納豆卻默默地承受，踩著堅定的腳步，繼續扮演庶民糧食的角色。這份腳踏實地與透徹了悟總是讓我感動莫名。

不過即使我不講究美食，卻總有許多機會在日本全國各地甚至海外，享受到當地的名產或是名廚料理。雖然非常美味，但在旅程結束踏上歸途之時，總是特別想念老朋友的滋味。即使是旅途中一點特色都沒有的商業旅館早餐，只要挑了一小碗納豆吃下肚，馬上就感覺回到原來的我。也許美食家會不以為然，但我覺得這是納豆的另一項優點，就是不管哪裡的土地種出來的黃豆，只要發酵成納豆，味道都會變得差不多。

現在的我依然願意為納豆示威奮戰、登高一呼！

少年可樂餅。

材料（8個份）

馬鈴薯

- 馬鈴薯（男爵） 4顆（600克）
- 奶油 20克
- 鹽 $\frac{2}{3}$小匙

肉

- 絞肉 150克（豬牛絞肉，比例為牛7：豬3）
- 油 1小匙
- 鹽 $\frac{1}{2}$小匙
- 砂糖 $\frac{1}{2}$大匙
- 白胡椒 少許

蔬菜

- 洋蔥 $\frac{1}{2}$顆（120克）
- 油 1小匙

蛋液

- 雞蛋 2顆
- 牛奶 2大匙
- 低筋麵粉 1大匙

麵衣和炸油

- 低筋麵粉
- 麵包粉
- 油（沙拉油和綿實油［＊］各半）

（以上）適量

沾醬

- 烏斯特醋、中濃醋沾醬等隨意適量。（譯註：中濃醋沾醬是搭配可樂餅、炸薯塊、燴牛肉等料理的沾醬，有市售品。）

配菜

- 高麗菜絲等隨意適量。

＊綿實油即棉籽油，只要選購經過精煉萃取、食品等級的綿籽油就可以安心使用。本料理也可用豬油取代綿實油。

工具

- 蒸籠
- 竹籤
- 溫度計（測量油溫）
- 有瀝油架的備料盤
- 網杓（撈油網）

製作重點

家中男孩們會爭著搶食的滿滿一大盤馬鈴薯可樂餅。

重點在於馬鈴薯連皮蒸熟後，只剝掉最外面那層薄薄的皮，

以及絞肉不要一直翻炒，放在鍋裡煮到熟，

煮出來的油脂要吸掉，只能留下約1大匙的份量。

因為絞肉的脂肪很多，如果油脂全部留下來，

餡料就會太稀，而且會蓋掉馬鈴薯的味道。

另外，絞肉和洋蔥要分開炒熟也是一大重點。

再來就是蛋液加入低筋麵粉，是為了讓麵衣吃起來清脆可口。

炸油雖然是沙拉油和綿實油各半，

但也可以用一塊豬油取代綿實油，

味道會更濃郁，又是另一種不同的美味。

做法

馬鈴薯洗好連皮放入蒸籠。蒸煮40～50分鐘，竹籤能夠刺穿馬鈴薯的話，就代表蒸好了。

洋蔥切碎。

平底鍋燒熱後塗抹沙拉油，放入絞肉。

稍微翻炒一下之後，放著繼續煮到熟。

絞肉會出現大量油脂，用廚房紙巾吸取，剩大概1大匙油的程度。

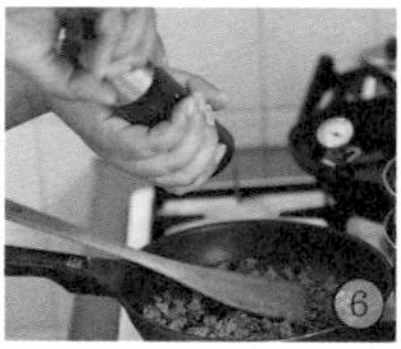

加入鹽、白胡椒和砂糖，翻炒均勻。

盛入備料盤放涼。

剛剛的平底鍋加入足夠的油，
用小火到中火來炒洋蔥。
洋蔥會出水，
炒到水份全部蒸發。

炒好之後，
盛入剛剛裝肉的備料盤一起放涼。

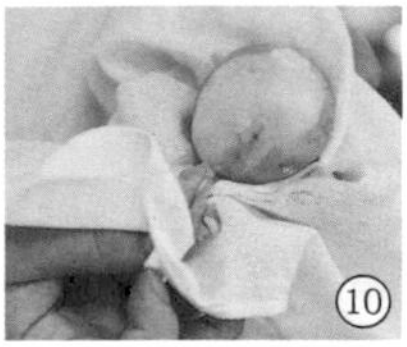

蒸好的馬鈴薯用紗布包起來剝皮。

去皮的馬鈴薯加入奶油和鹽，
邊搗碎邊攪拌。

趁著還有微溫，
倒入洋蔥和絞肉均勻攪拌。

在備料盤上鋪平放涼。

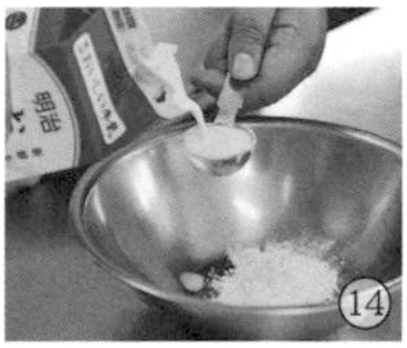

等待的時間先來準備蛋液。
低筋麵粉倒入攪拌盆中，
先加入一半份量的牛奶調勻。
（一次全加會結塊。）

調勻後再將剩下的牛奶加入，
攪拌均勻。

最後加入雞蛋，
將蛋白打散全部攪拌均勻。

麵衣用的麵粉和麵包粉，
分別倒在不同的備料盤上，
鋪平備用。

現在要準備捏可樂餅了。
放涼的材料切成8等份。

抓取1塊的份量。

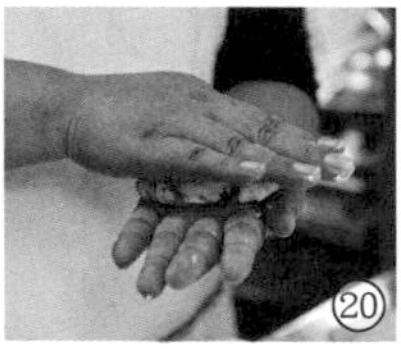

用雙手壓扁。

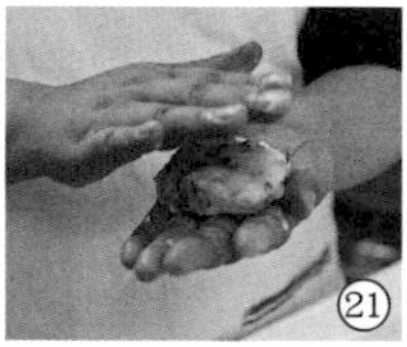

可樂餅靠著大拇指，
在手掌上轉動捏成橢圓形。

裹上低筋麵粉，
拍落多餘的麵粉。

裹上蛋液。

裹上厚厚的麵包粉。
麵包粉從上方覆蓋可樂餅後，
要用手輕輕地壓一下，
這樣炸起來的麵衣才不容易散掉。

使用180℃的油鍋來炸。
可樂餅放入油鍋時朝上的那面，
擺盤時也要朝上，
這樣麵衣才有立體感，
會讓炸物看起來很漂亮。

大概炸3分鐘，
中間要翻面一次，
呈金黃色後就可起鍋。

用網杓撈起，
在油鍋上輕甩幾下瀝乾油份。
在有瀝油架的備料盤鋪上廚房紙巾，
吸掉多餘油脂後盛盤。

「至少要會做這道菜！」
的馬鈴薯燉肉。

材料（4～5人份）

配料

・馬鈴薯（男爵）　大顆4顆
・牛雜肉　200克（五花或里肌等，各種切剩的不完整肉塊或肉片。）
・洋蔥　1顆
・胡蘿蔔　1條（大條的胡蘿蔔只用2/3條）

調味料

・昆布高湯　350cc（10公分正方形的昆布對上500cc的水，取350cc使用。）
・醬油　2 1/2～3大匙
・砂糖　1大匙
・味醂　2大匙
・油　1大匙

工具

・內蓋

製作重點

面對即將展開離家獨居生活的哥哥，而擔心煩惱到不得了的媽媽。

「最少最少，要會做這道菜！」

一邊說著一邊示範如何料理哥哥愛吃的「馬鈴薯燉肉」，就是這樣的一道料理。

光是這道菜來配飯就夠了，所以重點在於濃郁的調味。

馬鈴薯外面吃起來甜甜辣辣，中間保持白色的原味，燉煮到一夾就碎，相當可口。

這就是有媽媽味道的鬆軟馬鈴薯燉肉。

吃剩的燉肉要重新熱來吃的時候，如果湯汁不夠，可以先倒點水進去再加熱喔。

做法

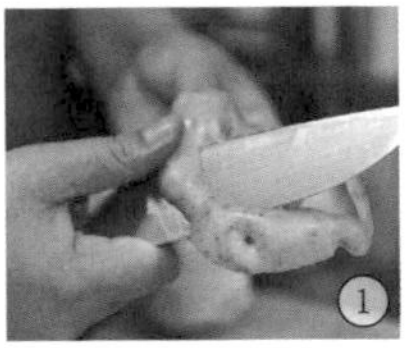
馬鈴薯洗好後削皮。

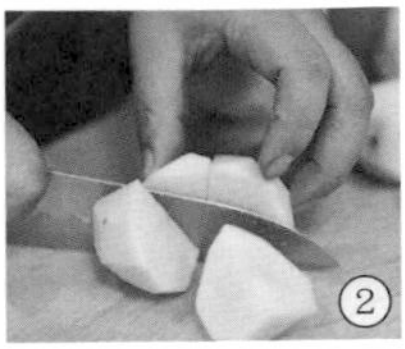
1顆切成4塊。

泡水5～10分鐘。

用篩子瀝乾水份。

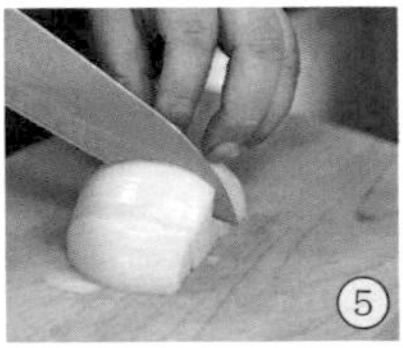
洋蔥剝去外皮，切成扇形。

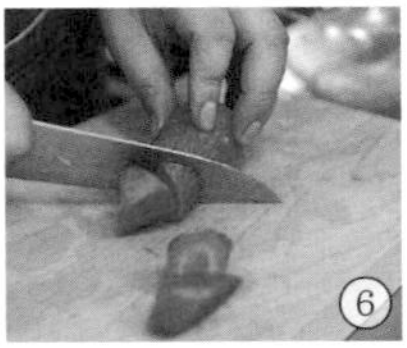
胡蘿蔔削皮後切滾刀塊。

平底鍋燒熱後塗抹沙拉油，炒馬鈴薯。

稍微翻炒一下，
全部均勻沾到油後，
再加入胡蘿蔔和洋蔥，
繼續翻炒至所有食材都沾了油。

倒入昆布高湯。

加入砂糖、味醂和醬油，
拌炒均勻。

煮滾之後放入牛肉，
不要擺得太密。

撈去浮沫。

蓋上內蓋，用最大的中火燉煮15分鐘。
家裡沒有內蓋的話，
可以用鋁箔紙或烘焙紙，
剪一個比鍋子內徑還小一圈的圓形放在
上面，也可以使用底部是平面的鍋蓋。

因為平底鍋的鍋底面積很大，
在燉煮時要不時移動一下位置，
讓鍋子邊緣也能平均受熱。

15分鐘後掀開內蓋，
再把火開大一點繼續燉煮，
一直到湯汁幾乎要收乾就算完成了。
此時食材都已經變得非常鬆軟，
不要大動作翻攪，會容易碎掉。

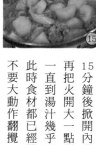

全體總動員！的煎餃。

材料（40顆份）

餡料（肉）

- 豬絞肉（肥一點的）150克（喜歡餃子肉餡多一點的用200克）
- 鹽 2/3小匙（絞肉用200克時，則是1小匙少一點）
- 酒 1大匙
- 醬油 1大匙
- 烏斯特醋 1/2大匙
- 胡椒 少許
- 麻油 2大匙（麻油1大匙＋日本市售蔥油1大匙也可以。）

餡料（菜）

- 高麗菜 1/3顆（300克）
- 鹽 1小匙
- 洋蔥 1/4顆（60克）
- 長蔥 1/3根（50克）
- 韭菜 1/4把（50克）
- 蒜泥 1/3小匙
- 碎薑 1大匙

煎餃皮

- 高筋麵粉　200克
- 低筋麵粉　50克
- 鹽　$\frac{1}{3}$小匙
- 油　1小匙
- 熱水　125～135cc

其他

- 擀餃子皮用的高筋麵粉　適量
- 煎餃子用的熱水　適量
- 煎餃子最後淋上去的麻油　適量

味噌醬

- 味噌　2大匙
- 水　1$\frac{1}{2}$大匙
- 辣椒　1小匙（可用豆瓣醬或辣油代替）
- 砂糖　1小匙
- 醋　$\frac{1}{2}$大匙

沾醬

- 醬油
- 辣油
- 醋

以上隨意適量

工具

- 擀麵棒（直徑約19公釐）
- 棉布

製作重點

假日，全家人一起出動，
自己擀皮、自己剁餡，大家一起快樂地包！
所製作出來的煎餃。
餃子皮使用的高筋和低筋麵粉比例，
高筋用得多吃起來比較「有嚼勁」，光吃餃子就可以吃飽。
低筋用得多吃起來比較「香酥脆」，可以當成白飯的配菜。
可以自己嘗試出喜歡的口味。
如果想做的是水餃，那麼揉製麵糰時使用的熱水，
可以換成相同份量的冷水。
餡料的高麗菜，可以改成一半高麗菜一半大白菜，
或是費工一點加入剁碎的香菇亦可。
豬絞肉的部份，改成一半絞肉一半蝦泥也很好吃。

做法

先揉餃子皮的麵糰。
高筋麵粉和低筋麵粉加上鹽和油，
倒入熱水，用筷子等工具攪拌混合。
先倒125cc熱水，
攪拌之後覺得不夠再倒10cc。

麵粉充分和熱水攪拌均勻，
一直到手摸起來不會覺得太燙的程度。

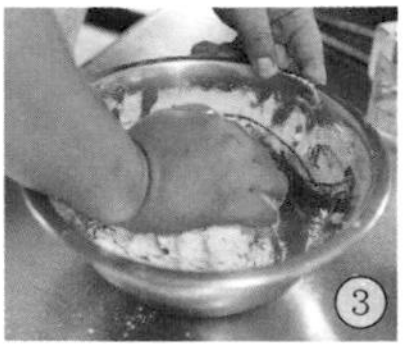

用手下去揉製整個麵糰。

放到檯面上，
用力揉至全部都沒有結塊的柔軟程度。

等到表面變得平滑之後，
將麵糰塑成圓形。

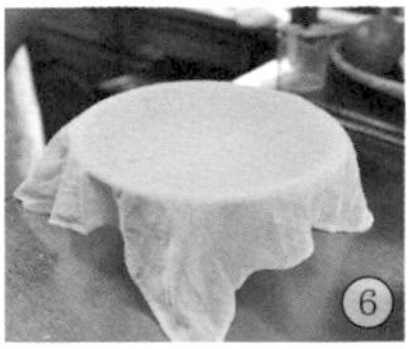

放入攪拌盆，蓋上濕的紗布，
醒麵30分鐘。
(再放久一點也沒關係)

利用餃子皮麵糰醒麵的時候準備餡料。
將高麗菜的葉和芯分開，分別切碎。

先切成絲。

再仔細切碎，
用菜刀盡可能剁到最細。

芯也是一樣，盡可能地剁到最細。

將切碎的高麗菜裝入攪拌盆，
加鹽混合後放置10分鐘。

韭菜、薑和長蔥也剁碎。

薑削皮後切成薄片再切絲，
然後剁碎。

長蔥縱剖，先用刀切入直徑1/2處後，
再將蔥整支對開。

剖面朝下切絲。

⑯

然後橫向剁碎。

⑰

用磨泥器將蒜頭磨成泥。
使用前先將鋁箔紙包住磨泥板表面，
之後清潔起來會更方便。

⑱

用同一個磨泥器磨洋蔥，
和蒜泥混在一起也沒關係。

⑲

磨不了泥的根部則用菜刀切碎。

⑳

準備棉布或紗布，
將放置了10分鐘的高麗菜包起來。

㉑

牢牢抓住布口處，
放入水中揉洗。

㉒

用力擰乾擠出水份，
這樣就能去除高麗菜特有的菜味，
菜餡的準備就完成了。

㉓

豬絞肉放進攪拌盆，
加入鹽、酒、醬油、烏斯特醋和胡椒，
用手均勻混合。

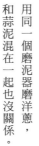

24 加入麻油混合均勻。麻油的用量是2大匙，如果家裡有的話，也可以一半使用蔥油或豬油。

25 倒入蒜、洋蔥和薑，用手混合均勻。

26 倒入韭菜和長蔥混合均勻。

27 最後倒入高麗菜簡單混合一下。（只是混合起來，不要揉捏。）

28 包上保鮮膜，放入冰箱冷藏。

29 醒好的餃子皮麵糰分成4等份。

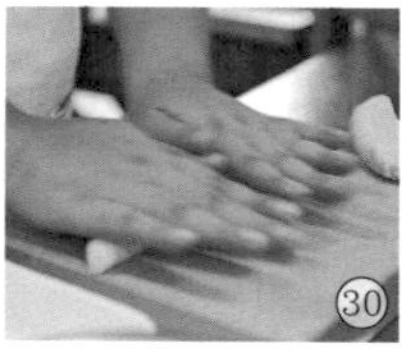

30 在檯面上揉成長條狀。

31 將一長條切成10～12等份，大小可依個人喜好決定。

用手掌將小塊麵糰稍微壓扁，
撒上手粉。
（這裡使用高筋麵粉當作手粉。）

一隻手固定麵糰，
另一隻手用擀麵棒
從靠身體的一側用力往前擀平。

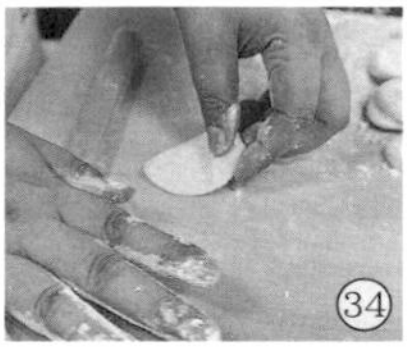

大約擀到麵糰一半處停住，
往後拉回擀麵棒。

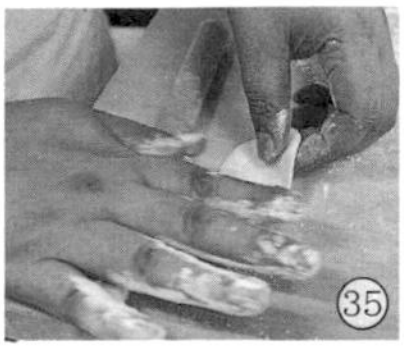

擀麵棒離開麵糰後，
將麵糰稍微轉動一下，
接著再擀平。
重複幾次便能擀成圓片狀。

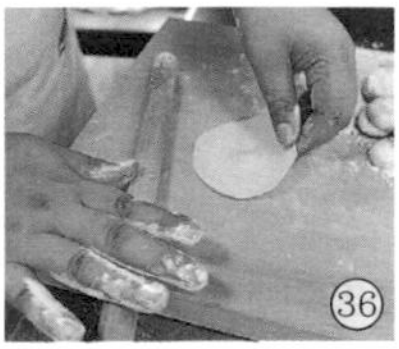

中間稍微厚一點也沒關係，
直徑約8～9公分即可。
擀好的餃子皮再撒上一些手粉，
然後一張張疊起來。

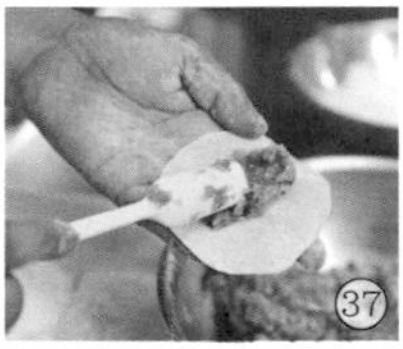

餃子皮都擀好之後，從冰箱拿出
冷藏好的餡料。用湯匙或小支的
橡皮刮刀取適量餡料包進餃子皮中。
攪拌盆的餡料分成4等份，
每份大約可包10～12個餃子。

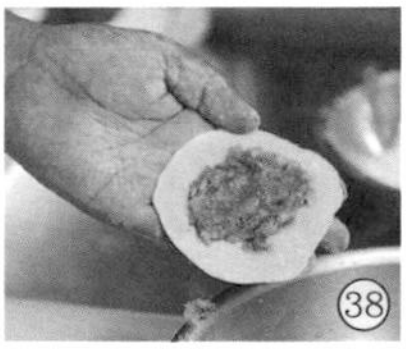

外緣留下約1公分，
中間部分鋪滿餡料。

由下往上包起，
從捧著餃子那隻手的大拇指那邊開始，
將面對自己的餃子皮邊緣打折，
再與後方的邊緣捏合。

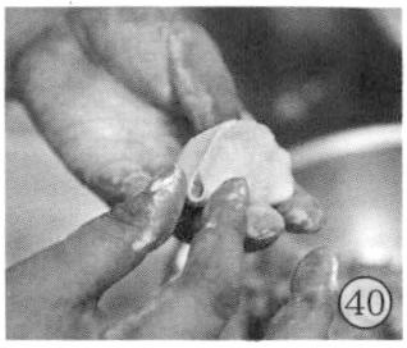

就這樣重複打折捏合的動作，注意不要把空氣包進餃子裡。

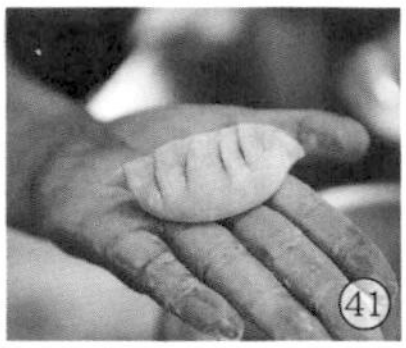

包好之後，排在撒上手粉的備料盤上。

接著，就開始煎餃子。平底鍋用中火燒熱後，用廚房紙巾等工具在鍋底塗上薄薄一層油，餃子以間隔5公釐的方式擺放。

確認已經有一點煎烤的痕跡。

將熱水淋在餃子上，大概注滿餃子高度的 $\frac{1}{3}$ 。

蓋上鍋蓋，用中火蒸煮5分鐘。

5分鐘後掀開鍋蓋，將煮剩的水倒掉。（即使傾斜鍋子，煎餃應該也不會掉出來。）

在煎餃的空隙淋上麻油。

再蓋上鍋蓋煎2～3分鐘，直到餃子皮煎得酥脆可口。要不時掀開鍋蓋確認。

煎好之後，將脆皮的部份朝上盛盤。

依照個人喜好，沾取味噌醬、醋、醬油或辣油食用。

發薪日前的蔬菜炒肉。

材料（2人份）

配料（肉）

- 豬五花（肉片）120克
- 高麗菜 4片（約200克）
- 胡蘿蔔 1/2條
- 乾木耳 2克（料理前用水將木耳泡發）
- 韭菜 1/2把
- 豆芽菜 1/3包
- 蒜頭 1片

調味料

- 醬油 1/2大匙
- 味醂 1小匙
- 鹽 1/2小匙
- 胡椒 少許
- 油 1/2大匙

製作重點

發薪日前荷包扁扁的單身男性。
想要營養均衡又吃得開心，
能夠解決這道難題的，就是蔬菜炒肉。
重點在於連高麗菜的芯都不能放過，
還有要先炒肉，再用醬油和味醂調味。
肉和菜一起炒熟後調味的話，
肉的味道會被菜搶過去，
配白飯會感覺有點吃不飽，
先炒肉再調味就能解決這個問題。
用肉炒出來的油繼續炒蔬菜，味道會濃很多，
醬汁的部份也會帶有肉的鮮味。
黑木耳可以用香菇切薄片代替，
高麗菜改用大白菜也很好吃。

做法

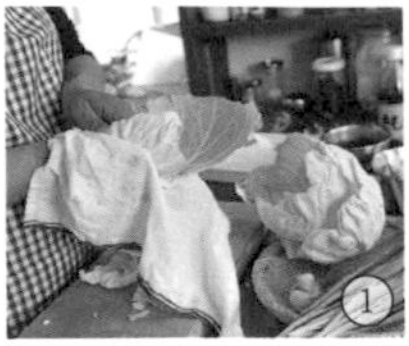

菜葉洗好，仔細擦乾水份。

將高麗菜的芯和葉分開。

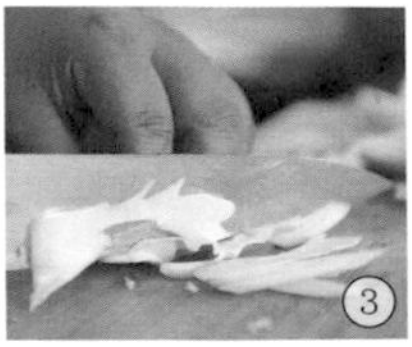

菜芯切成3公釐厚度的片狀。

菜葉切成小片，約一口大小。

韭菜切成5公分一段。

胡蘿蔔削皮，切成長方形薄片。

蒜頭去皮，逆著纖維切成片。

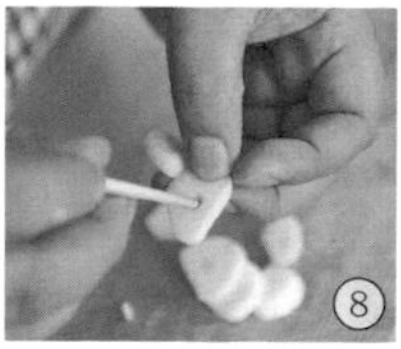

蒜頭芯用牙籤尖端剔除。

將已經泡發變得柔軟的木耳，瀝乾後切成容易入口的大小。

豬五花切成約4公分寬的小片。

平底鍋倒油。

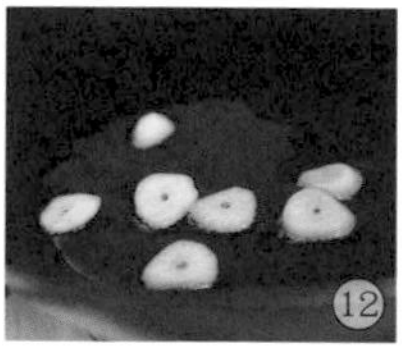

放入蒜頭片，用中火爆香。

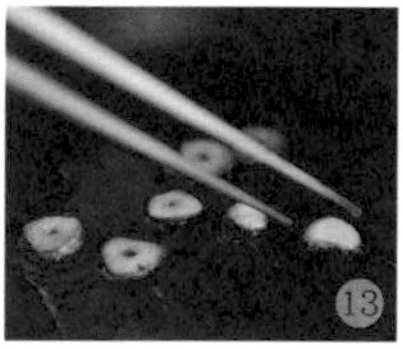

直到蒜頭片呈現金黃色。

豬五花下鍋鋪平。不要一直去翻動，就放著像是要讓肉片兩面都煎到有點焦那樣。

看到有點焦色後翻面，兩面都要煎。

煎熟之後，
把豬五花放到已經加入醬油和味醂的
攪拌盆中，混合均勻後備用。

同一口平底鍋不要洗直接炒蔬菜。
現在要「用大火一口氣炒完」，
所以將比較難熟的食材先下鍋，
首先是胡蘿蔔。

接下來放入高麗菜芯來炒。

放入黑木耳。

翻炒至所有食材全部平均沾到油。

放入高麗菜葉。

快速地大動作翻炒。

所有食材都沾到油後，
放入豆芽菜。

再繼續炒。

加鹽和胡椒。

炒到蔬菜的味道全部融合。

放入韭菜和肉，
肉片的部份連醬汁一起全部倒進去。

用大火大動作翻炒，
將所有食材混合均勻。
肉已經熟了，
韭菜一下鍋差不多也就熟了，
所以這樣混合翻炒也沒關係。

裝盤完成。

從老家回來那天的太卷壽司。

材料（3條份）

白飯

・米　3杯
・酒　2大匙
・高湯用昆布　5公分正方形1片
・水　適量

調味醋汁

・米醋　70cc
・砂糖　3大匙
・鹽　$2\frac{1}{2}$小匙

滷乾瓢

・乾瓢　20克
・泡發乾瓢的水　200cc
・砂糖　1大匙
・醬油　1大匙
・味醂　1大匙
・鹽（搓揉用）　少許

滷香菇

・乾香菇　中型5朵（料理前用水泡發）
・泡發香菇的水　200cc
・砂糖　1大匙
・醬油　1大匙

煮蝦

- 蝦　5隻
- 水　500cc
- 酒　2大匙
- 鹽　1/2大匙

煎蛋

- 雞蛋　3顆
- 高湯　2大匙
（200cc的水對上郵票大小的昆布1片和柴魚片6克。用剩的可以拿去做別的小菜。）
- 砂糖　1～1 1/2大匙
- 醬油　1小匙

其他

- 烤星鰻　2條
- 小黃瓜　1/2條
- 市售櫻花魚鬆　適量
- 青紫蘇　5片
- 海苔　3片

工具

- 壽司桶
- 竹籤
- 內蓋
- 壽司捲簾
- 日式煎蛋專用的平底鍋

製作重點

中元節或過年回老家一趟，住在都會的單身女子。
今天是在老家的最後一天，
而這就是媽媽要女兒帶回去的太卷壽司。
因為沒有包生的東西，所以放在室溫也沒關係。
媽媽平常做的太卷壽司，
大概只有包乾瓢、香菇、煎蛋、小黃瓜和櫻花魚鬆。
但是今天媽媽為了幫女兒加油打氣，還包了煮蝦和烤星鰻。
不包蝦子或星鰻其實也一樣好吃，不過就會變得比較小卷，
因此可以多用一張海苔，將飯分成4等份，包成4條壽司卷。
或者還是只包3條，
另外，用蟹肉棒等食材取代蝦子和星鰻，同樣美味可口。

做法

洗好米，浸泡20～30分鐘，瀝乾水份後再放置20分鐘。飯鍋放入酒和昆布，水加至「壽司飯」或「較硬的飯」那條線。

調製調味醋汁，將醋、砂糖和鹽充分混合均勻。

乾瓢清洗過後用水泡發，泡發完後瀝乾水份，再用鹽搓揉一下，然後再清洗備用。

用水泡軟的乾香菇，切成0.5～1公分的寬度。

鍋內加入剛剛泡香菇的水、砂糖和醬油，蓋上內蓋（鋁箔紙也可以），將切好的香菇條用小火煮到醬汁收乾。

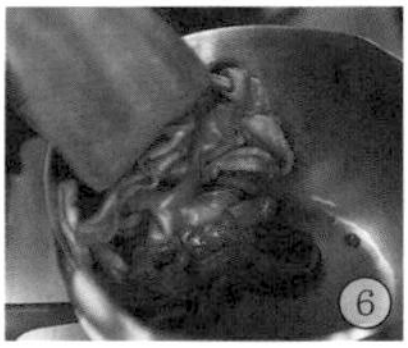

開始滷泡軟的乾瓢。鍋內加入剛剛泡乾瓢的水、砂糖、醬油和味醂，蓋上內蓋，不時拿木鏟壓出水份，用小火煮到醬汁收乾。

挑除蝦背的腸泥。

蝦子拉直，用竹籤貫穿。

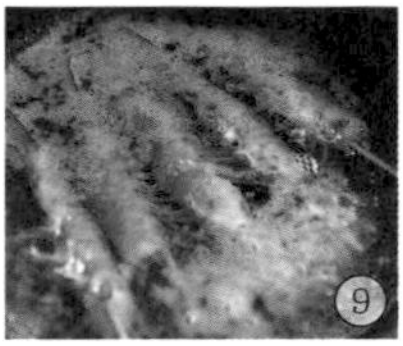

鍋內加入水、酒和鹽，
煮沸後放入蝦子，加熱2分鐘。
熄火後不用撈起，在鍋裡放涼。

飯煮好之後拿掉昆布，
倒入壽司桶。

倒入調味醋汁，
用劃開的方式將飯快速攪拌均勻。

全部混合均勻後，
將底部的飯翻上來幾次散熱，
搭配扇子大力搧涼。
放涼之後蓋上濕紗布，避免飯乾掉。

雞蛋打入攪拌盆，
加入高湯、砂糖和醬油攪拌均勻。

開始煎甜甜鹹鹹的蛋捲，詳細步驟
可參考96頁「青春的日式煎蛋捲」。
煎好之後將厚度切半，
再切成細長的3條。

小黃瓜的長度切成和海苔等寬，
然後縱剖成半，
每一半再切成細長的3條。

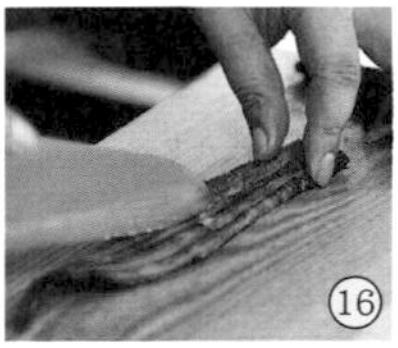

烤星鰻去頭，切成和海苔等寬，縱剖成半。

放涼的蝦子剝殼，縱剖成半。

青紫蘇也縱切成兩半，將壽司卷的材料全都放在一起，包起來才方便。

捲簾先放上海苔，靠自己的這邊留2公分，較遠的那邊留3公分（讓壽司卷包住不會散），中間鋪上壽司飯。一個壽司卷使用的飯量是煮好白飯的1/3。

取3條切好、和海苔等寬的乾瓢，放在靠近自己的這邊。

然後擺香菇。先把乾瓢後面的飯壓平一點，切好的滷香菇取1/3的量，鋪成一長條。

然後是煎蛋。配合海苔的寬度，不夠長的部份大概再切1/2條就夠了。

擺上小黃瓜。

擺上星鰻。

擺上蝦子。為了讓蝦子的高度統一，沒有厚度的尾巴部份要和接下來那隻蝦頭部份疊在一起。如果還是不夠厚的話，可以再切一點用剩的蝦子補上。

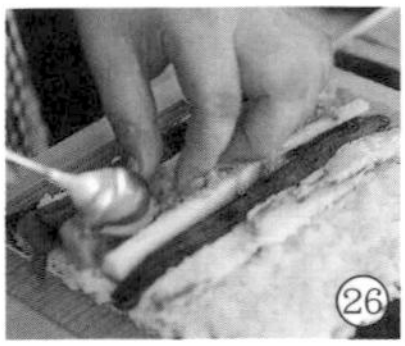

黃瓜和煎蛋中間鋪上櫻花魚鬆。

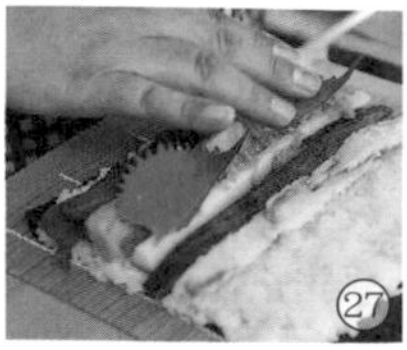

放上3片切半的青紫蘇。

從靠近自己的這邊小心而且扎實地將壽司捲起來。

捲完之後雙手用力壓緊。

兩頭跑出來的白飯用濕紗布輕輕整型壓回去。

放置5分鐘再把捲簾拿掉。

切成容易入口的厚度（約1.5～2公分），就完成了。記得每切完一刀，都要用濕紗布擦拭刀身後再繼續切喔。

感冒快快好的茶碗蒸。

材料（4人份）

蛋液

・雞蛋　2顆
・高湯（＊）
・蛤蜊汁
（高湯跟蛤蜊汁共計300cc）

（＊500cc的水，對上5公分正方形的昆布和約15克的柴魚片，從中取用。）

配料

・蛤蜊　200克
（攪拌盆放上網篩，倒入海水濃度［約3%］的鹽水，將蛤蜊浸泡2～3小時。蓋上蓋子隔絕光線，讓蛤蜊吐砂。之後連網篩整個拿起來瀝乾30分鐘，要使用前再用清水洗過。）
・雞里肌　1條
・醬油　1/3小匙
・魚板　5公釐厚　4片
・香菇　1朵
・山芹菜　適量（依喜好隨意）

調味料

・酒　2大匙（蛤蜊用）
・鹽　1/4小匙
・味醂　1小匙
・醬油　1/3小匙

道具

・蒸籠
・竹籤

製作重點

明明感冒了卻逞強地說：「已經沒事了。」硬要上班，
回家後很想做來吃的茶碗蒸。
又或者是，想要做給一樣愛逞強的家人吃、
充滿體貼心意的茶碗蒸。
重點在於將用酒蒸出的蛤蜊汁，豪邁地全部拿來當成高湯使用，
還有就是茶碗蒸的容器，要用鋁箔紙緊密地蓋住。
配料除了食譜使用的食材之外，也可以加入銀杏或糖煮栗子、
香菇改成滑菇或是金針菇，依照自己的喜好來決定。
如果不放蛤蜊，想做簡單一點的茶碗蒸，
那麼高湯300cc另外再加½小匙的鹽，
其他做法相同。

做法

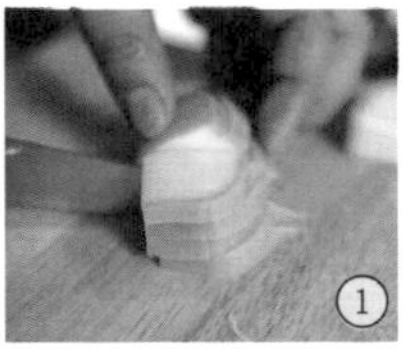

切成5公釐厚的魚板，再從中間切成兩半。

香菇去蒂，切成8片。

山芹菜切成容易入口的大小。

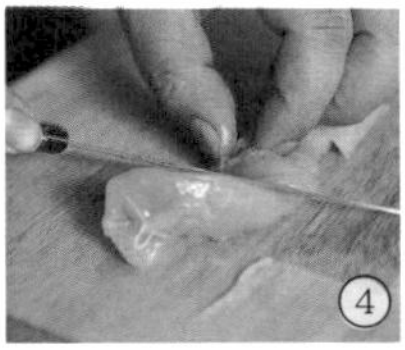

雞里肌去筋，斜切成5公釐的薄片，用醬油醃一下。

將吐完砂的蛤蜊仔細清洗乾淨，放入鍋中，倒酒加蓋，開大火。吐砂的方法是將攪拌盆放上網篩，倒入海水濃度（約3%）的鹽水，也就是1公升的水對上約30克的鹽。

煮2～3分鐘，蛤蜊開口後，過篩分離出蛤蜊高湯。蛤蜊則是剝下蛤蜊肉備用。

蛤蜊汁加高湯補滿300cc，加入鹽、味醂和醬油攪拌混合。

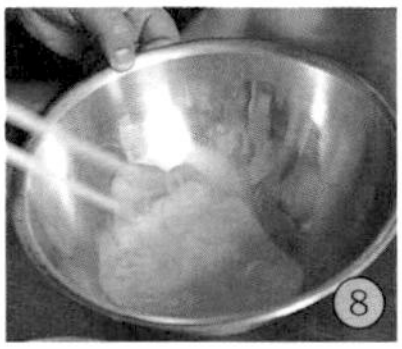

雞蛋打入攪拌盆，
筷子插到盆底，
用像是切的方式攪拌，
小心不要打出泡沫。

高湯慢慢倒入蛋中混合。

用網篩過濾之後，
蛋液就完成了。

將雞里肌、蛤蜊肉、
香菇和魚板裝入茶碗蒸的容器內。

慢慢地倒入蛋液，
如果起泡了，用湯匙將泡沫撈掉。

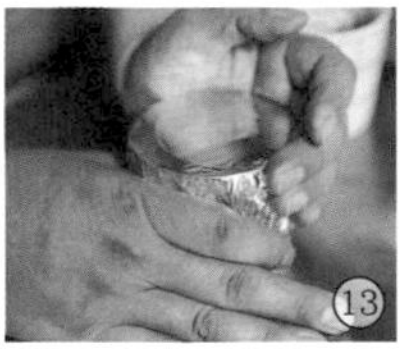

用鋁箔紙緊密地封口。

放入已經充滿蒸氣的蒸籠，蓋上鍋蓋，
先用大火蒸1分鐘，然後用小火蒸
17～20分鐘。用竹籤戳一下茶碗蒸表面，
如果出現清澈的湯汁就代表已經蒸好了。
要是還沒好，就再蒸1～2分鐘。

因為非常燙，取出時要小心。
最後再放上山芹菜就可以享用了。

單身獨居的素食烏龍麵。

材料（2∫3碗份）

烏龍麵

・冷凍烏龍麵　2球

配料

・豆腐　1/2塊
・白蘿蔔　5公分
・胡蘿蔔　1/2條
・牛蒡　1/3支
・蒟蒻　1/2片
・舞菇　1/2包
・芋頭　2顆
・長蔥　1/2支
・乾香菇　4朵
・炸豆皮　1塊

高湯和調味料

・高湯昆布　10公分正方形1片
・水　1.5公升
・麻油　料理用1大匙、提味用1/2小匙
・酒　2大匙
・鹽　1小匙
・醬油　2 1/2∫3大匙
・柴魚片　10∫15克
・味醂　1小匙

製作重點

每天都吃外食、每天都在加班的年輕上班族。
這樣下去會營養失調！總之就是菜吃得不夠！
所以週末時就來一碗蔬菜滿滿的素食烏龍麵。
蔬菜的切法，因為要搭配烏龍麵一起吃，
所以採取斜片或長薄片等容易使用筷子夾起的切法。
另外，最後加上柴魚片調味，
因為只有昆布和蔬菜的鮮味，
會感覺即使吃了烏龍麵可能還是沒有飽足感，
所以加了點柴魚片就能增添一點濃郁的風味。
天氣冷的話，提味的麻油可以換成辣油，
或是撒一點芝麻粉也不錯。

做法

高湯昆布和乾香菇泡水30分鐘～1小時，
香菇要泡到軟。

白蘿蔔洗淨後連皮切長片，
約1～1.5公分寬×5公釐厚。

胡蘿蔔洗淨後
連皮切成比白蘿蔔窄一點的長片。

舞菇剝散。

牛蒡洗淨後削片泡水。

擠出豆腐的水份。
將豆腐倒扣在備料盤上，
原本裝豆腐的塑膠盒裝滿水壓在豆腐上，
盒子和豆腐中間夾一張廚房紙巾。

蒟蒻片成兩塊。

用湯匙分切成細長、
約一口大小的條狀。

步驟①的乾香菇泡軟後取出，
去蒂切絲。

炸豆皮用廚房紙巾吸掉油脂。

先將整塊豆皮對切成兩塊，
疊在一起後，
再切成4～5公釐寬的小條。

蒟蒻和牛蒡先氽燙。
放入煮滾的熱水中，
再次煮滾後撈出，
用冷水沖過，再瀝乾水份。

鍋中倒入麻油，放入瀝乾的白蘿蔔、
舞菇、乾香菇、胡蘿蔔、蒟蒻和牛蒡，
用中火翻炒2～3分鐘。

加酒，蓋上鍋蓋，
用小火蒸煮3～4分鐘。

將步驟①的高湯連同昆布塊，
一起倒入鍋中。

煮滾前把昆布拿起來，
滾了以後漂去雜質浮沫，
加鹽，蓋上鍋蓋，用小火煮10分鐘。

利用這段時間將芋頭削皮，
切成容易入口的大小。
（沒用水沖過也沒關係）

鍋裡加入2大匙醬油。

放入芋頭和炸豆皮，
豆腐則用手剝成一口大小放進去，
再煮5分鐘。

利用這段時間將長蔥斜切成薄片。

煮柴魚片的方法，
可以將柴魚片放入味噌杓或是網杓，
浸到鍋中煮2～3分鐘。
（或是用濾茶袋裝好下去煮）

放入烏龍麵2～3分鐘後，
把柴魚片拿起來。
嘗一下味道，
加入醬油1/2～1大匙，再煮5分鐘。

最後加入長蔥、味醂和提味用的麻油，
稍微再滾一下就完成了。

令人懷念的蒸糕。

材料（4人份）

蒸糕

- 低筋麵粉 120克
- 泡打粉 1 1/2小匙
- 雞蛋 1顆
- 牛奶

（雞蛋、牛奶）上述兩樣共130cc

- 砂糖 50克
- 奶油 20克
- 地瓜 100克（約1/4條）

撒料

- 中雙糖 依喜好適量

工具

- 烘焙紙（或是磅蛋糕的紙製模型）
- 釘書機
- 蒸籠

製作重點

從老家寄來了一堆地瓜。
這個時候回想起來，對了，小時候媽媽曾用地瓜做過蒸糕，
也想讓女兒嘗嘗看……
這就是我心中設定的故事。
為了減低甜度，
可依個人喜好，最後再沾中雙糖一起享用。
也可以享受得到像蜂蜜蛋糕那樣「喀嗤」的砂糖口感。
另外，地瓜的部份可以改用南瓜、紅豆泥、水煮紅豆、
甜煮豌豆、乳酪抹醬、葡萄乾和杏桃乾等，
這類的果乾、甜栗或是果醬來代替。
奶油用花生油、沙拉油、太白麻油或葡萄籽油等，
味道不重的油代替也不錯。

做法

地瓜洗淨，連皮切成1公分的厚片。

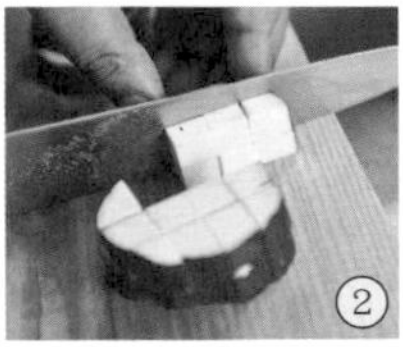

再切成1公分的小塊。

泡水約5分鐘。

雞蛋加上牛奶合計130cc。

倒入攪拌盆，加上砂糖混合均勻。這就是「蛋液」。

倒入隔水加熱、融化了的奶油。

泡打粉和低筋麵粉過篩加入盆中。（小心不要結塊。）

地瓜撈起瀝乾，用紗布壓乾水份。
一定要仔細去除任何水氣，
不然蒸好了會很容易從蒸糕上掉下來。

準備好30公分×35公分的烘焙紙。
用摺紙的方法折出一個方盒，
用釘書機固定。
（詳細步驟可參考219頁。）

將蛋液和麵粉攪拌均勻。
使用橡皮刮刀迅速攪拌，
然後倒入一半的地瓜塊，繼續攪拌。

將麵糊倒入摺好的方盒中，
麵糊表層擺上剩下的地瓜塊。

放入已經加熱至滾充滿蒸氣的蒸籠內，
用大火蒸15～18分鐘。
為了避免水滴到蒸糕內，
鍋蓋先要用紗布或棉布包起來。

用竹籤戳戳看蒸糕，
竹籤若沒有麵糊沾黏，
就代表蒸好了。

依個人喜好沾些中雙糖，
就可以享用了。

請客大放送的叉燒肉。

材料（2塊份）

肉

- 豬肩里肌 2塊（1塊約500克）

去腥的調味

- 水 100cc
- 酒 2大匙
- 鹽 1大匙
- 砂糖 1小匙

醬汁

- 蒜頭 4片
- 醬油 120cc
- 酒 60cc
- 味醂 60cc
- 砂糖 3大匙

其他調味料

- 油 少許
- 辣椒醬 少許

工具

- 棉線（可以在肉店買到）
- 烤箱
- 瀝油用的烤架（炸東西會用到，有腳架高起來的那種。）
- 可封口的塑膠袋

製作重點

今天是地方舉辦廟會的日子。
爸爸也參與了抬神轎的活動，
所以會有許多鄰居和一同抬轎的夥伴聚集到家裡來。
「不管什麼時候，有多少人來，都可以填填肚子。」
媽媽挽起袖子，做了份量滿滿的小菜。
就是這樣的一幅用餐景象。
叉燒肉的話，小孩可以拿來配白飯，大人可以拿來配啤酒。
重點在於一開始就要將肉煎到出現焦色。
另外就是從烤箱拿出來蘸醬汁時動作要快，不然烤箱會降溫。
還有，用剩的醬汁拿來泡水煮蛋30分鐘，做成滷蛋也不錯。
蛋的熟度，建議是放入熱水10分鐘，介於半熟和全熟之間最好吃。
炒青菜或是炒飯時，加些醬汁調味也很棒。

做法

前一天就要先做準備工作。
豬肩里肌整塊用叉子叉過一遍，
這樣味道才容易滲進去。
一塊大概叉個30次左右。

將豬肉裝進可封口的塑膠袋，
或是密封袋也可以。

製作去腥用的浸泡液。
水加入鹽。

加入砂糖。

加入酒。

攪拌至全部溶解均勻。

倒進裝了豬肩里肌的塑膠袋中。

8

壓出空氣，
這樣浸泡液才能完全滲透肉塊。

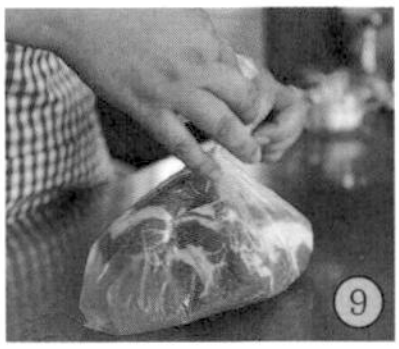

9

封口時注意不要讓空氣跑進去，
免得有的地方沒有浸泡到。

10

放在冰箱冷藏一晚。
這樣準備工作就完成了。

11

接下來是第二天的工作。
將前晚浸泡好的肉拿出來。
（剩下的浸泡液倒掉不使用。）

12

用廚房紙巾仔細擦乾。

13

用棉線綁起來。

14

綁棉線是為了防止煎烤的時候
融出油脂而讓肉散掉。
只要能綁緊，什麼方式都可以，
螺旋狀纏繞也ＯＫ。

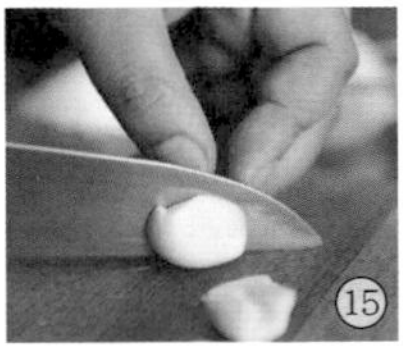

15

蒜頭縱切成半。

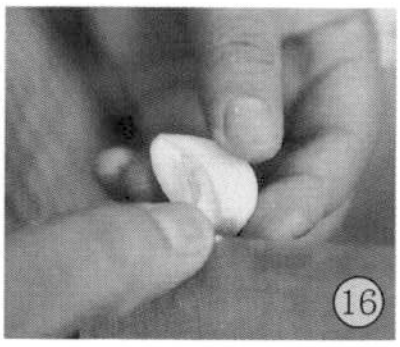

去芯。

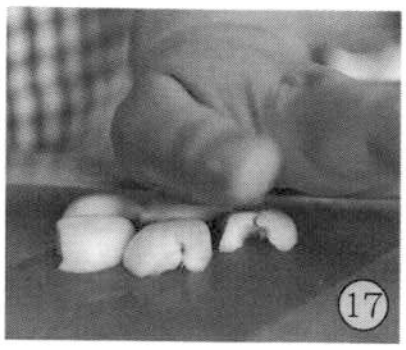

放在砧板上用菜刀拍碎。

製作醬汁。
蒜頭放進攪拌盆，倒入酒。

倒入味醂。

倒入醬油。

加入砂糖。

攪拌至溶解，常溫放置。

然後準備烤箱。預熱設定180℃（門打開很快就會降溫的電子烤箱，可設定190℃。）肉汁和油脂會弄髒烤盤，所以要整個鋪上鋁箔紙。

上面擺上烤架。

平底鍋用大火加熱，倒入油，將豬肩里肌的表面煎到有焦色。

所有的地方都要煎出焦色。

肉塊兩端也不要忘記。這時候使用「烤肉夾」就很方便。

全部都煎好之後，放在烤架上，用180℃烤30分鐘。

30分鐘後打開烤箱，迅速將肉取出，整體均勻蘸滿醬汁。

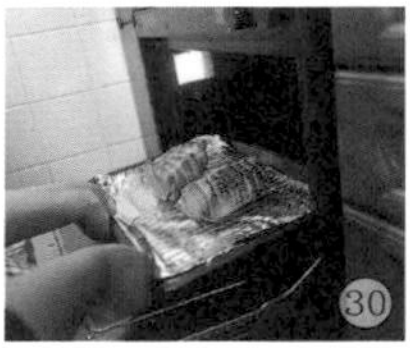

然後再放入烤箱烤25～30分鐘。

期間每隔5分鐘左右，就將肉拿出來蘸滿醬汁，大約需要4次。

㉜ 烤好了以後，
最後再蘸一次醬汁，
然後在（未加熱的）烤箱內，
放置30分鐘。

㉝ 剩下的醬汁要當作沾醬使用，
所以要將凝固的油脂和蒜頭濾掉。

㉞ 開火稍微煮滾一下，
這樣沾醬就完成了。

㉟ 放置了30分鐘的叉燒肉。

㊱ 剪掉棉線。

㊲ 切成容易入口的大小。

㊳ 加上沾醬，
也可以依個人喜好沾些辣椒醬來享用。

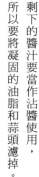

BEER

青春的日式煎蛋捲。

材料（2〜3人份）

蛋
- 雞蛋 3顆（1種口味的份量）

油
- 油（麻油亦可） 適量

甜煎蛋捲的調味料
- 砂糖 1〜1 1/2大匙
- 鹽 1/3小匙
- 牛奶 1〜2大匙

甜鹹煎蛋捲的調味料
- 高湯（*） 2大匙
- 砂糖 1〜1 1/2大匙
- 醬油 1小匙

高湯煎蛋捲的調味料
- 高湯（*） 3大匙
- 淡味醬油 1小匙
- 味醂 1小匙

（*200cc的水，對上郵票大小的昆布1片，和柴魚片6克。用剩的可以拿去做別的小菜。）

工具

日式煎蛋捲專用的平底鍋

製作重點

高中女生親手做給男朋友，
「每天日常、沒什麼特別的便當」裡的煎蛋捲。
因為便當的配菜每天都不同，
馬鈴薯燉肉這類甜甜鹹鹹的菜適合搭配高湯煎蛋捲，
油炸物這類沒有甜味的菜適合搭配甜煎蛋捲，
還有高湯和砂糖都有用到的甜鹹煎蛋捲，
這次要一口氣介紹3道食譜。
要裝進四方形的便當裡，使用四方形煎蛋捲專用平底鍋最方便。
鍋子有各種材質，例如用起來簡單的不沾鍋、
沉重但可以煎得漂亮的鑄鐵鍋，
或是較為專業的銅鍋等等。
選用哪一種都可以。
（用來煎夾在三明治裡的四方形薄蛋皮也很方便。）

做法（甜煎蛋捲）

雞蛋打入攪拌盆，稍微攪拌一下。

加入砂糖。喜歡微甜就加1大匙。喜歡甜一點就加$1\frac{1}{2}$大匙。可依個人喜好自行調整。

加入鹽。

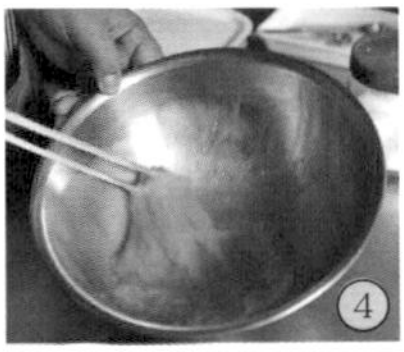

筷子插到盆底左右滑動，盡可能不要打出泡沫，讓調味料與蛋液充分混合。

加入牛奶2大匙，攪拌均勻。牛奶1大匙和2大匙的差別在於煎好之後蛋捲的硬度。1大匙＝扎實口感，2大匙＝鬆軟口感。可依個人喜好自行調整。

日式煎蛋捲專用的平底鍋燒熱，用廚房紙巾塗上一層薄薄的油。

調至較強的中火，倒入比一半還少一點的蛋液。

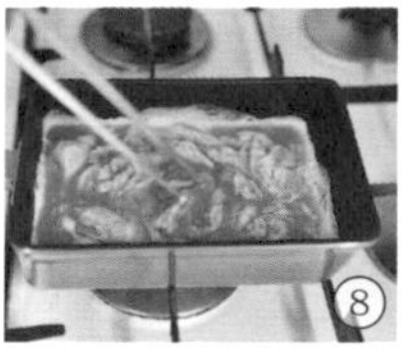

馬上用長筷大動作攪拌，出現大泡泡的話用筷子戳破。

稍微往自己的方向傾斜，趁著半熟的時候從較遠的一端往自己的方向捲成三折。

把蛋捲滑到鍋子較遠的一端，鍋底再薄薄塗上一層油。

剩下的蛋液再倒入 $\frac{1}{2}$。

用長筷把剛剛煎好的半份蛋捲抬起來，讓新倒入的蛋液佈滿整個鍋底。

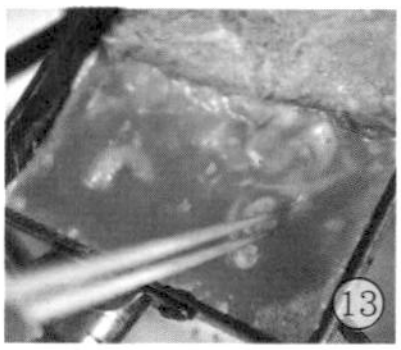

靠自己這邊的部份用長筷大動作攪拌，出現大泡泡的話用筷子戳破。

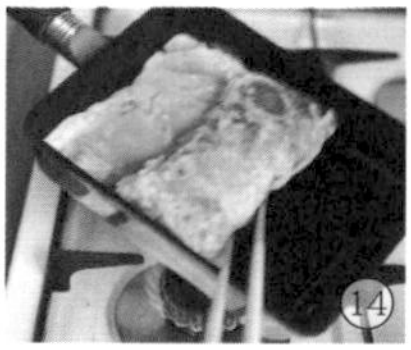

半熟之後，以剛剛煎好的蛋捲為主體，再往自己的方向捲回來。

捲往自己這邊的時候一邊整型，然後再次把蛋捲滑到鍋子較遠的一端。鍋底薄薄塗上一層油，倒入剩下的蛋液，再重複步驟⑫～步驟⑭。

⑯

用筷子壓住蛋捲，讓蛋捲固定在靠近自己的鍋邊，將蛋捲的側邊定型。表面要焦一點還是嫩一點，可依個人喜好決定。

⑰

放到砧板上，切成厚片。

做法（甜鹹煎蛋捲）

只要更動「甜煎蛋捲」步驟②～步驟⑤。
不要將調味料直接加入蛋裡，
用另一個量杯裝入高湯，
然後加入調味料（砂糖和醬油）
均勻攪拌溶解後，再和蛋液混合。
煎法和甜煎蛋捲相同。

做法（高湯煎蛋捲）

將「甜煎蛋捲」步驟②～步驟⑤，
改成加入高湯、淡味醬油和味醂。
蛋捲的煎法和甜煎蛋捲相同。

綜合油炸盤。

材料（4人份）

配料

・竹莢魚　4隻
・蝦　4隻
・干貝　4粒
・雞翅中段　4隻
・蘆筍　4支
・茄子　2條
・香菇　4朵

調味料

・鹽　適量
・胡椒　適量
（建議海鮮類使用白胡椒，肉類使用黑胡椒。）
・大蒜粉　適量

炸油

・沙拉油
・綿實油（＊）
各半混合，適量

＊此處所提到的綿實油即棉籽油，只要選購經過精煉萃取、食品等級的綿籽油就可以安心使用。

麵衣

・低筋麵粉　適量
・生麵包粉　適量
・雞蛋　2顆
・牛奶　1大匙

沾醬

・豬排醬　6大匙
・高湯　3大匙
（200cc的水，對上郵票大小的昆布1片，和柴魚片6克。用剩的可以拿去做別的小菜。）

塔塔醬

・雞蛋　1顆（水煮蛋）
・洋蔥　1/8個
・青紫蘇　2〜3片
・美乃滋　6大匙
・牛奶　1大匙
・鹽　1小撮
・白胡椒　少許
・檸檬汁或醋　1/2〜1小匙

工具

・竹籤
・瀝油用的烤架
・網杓（撈油網）
・刷子
・溫度計（測量油溫）

製作重點

難得在老家大團圓。
出嫁的女兒和孫子都回來了，
老媽大張旗鼓地準備大家都喜愛的綜合油炸盤。
材料都已經採買好，冰箱裡的蔬菜也都全部拿出來炸了。
準備工作的重點在於巧妙地運用竹籤。
用手拿的話，手拿的地方會不好沾粉，
用竹籤插著沾就沒問題了。
另外，沾醬也要花點心思。
要調製出清爽順口的沾醬，即使沾多了點也不會覺得太鹹。
適合油炸的食材還有白帶魚、星鰻、櫛瓜、洋蔥和南瓜等。

做法

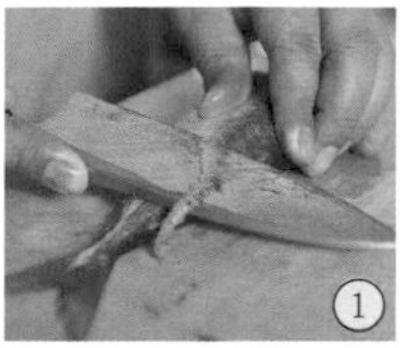

竹筴魚要片成可以整隻油炸的樣子。
魚鱗用刀背從尾部往頭部刮除。
切掉魚頭，剔除內臟。
靠近尾部的稜鱗則是用削的方式剔除。

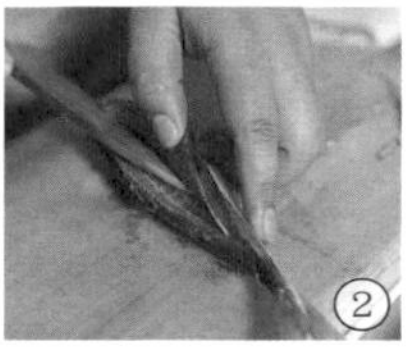

一手按緊魚身，
菜刀從背部中骨上方滑切進去，
貼著骨頭一直切到靠近魚腹的地方，
但不要切斷。

把魚翻面，
從中骨上方用同樣的方式切開。

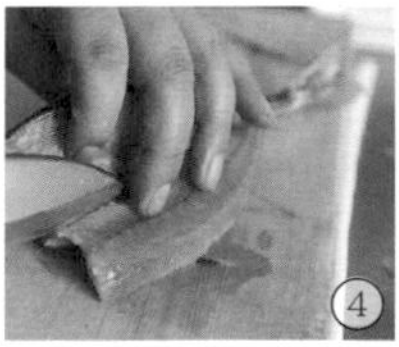

用刀尖把中骨剔除。

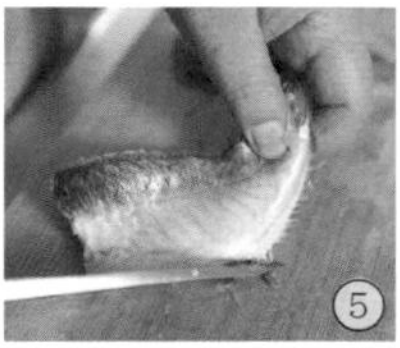

魚鰭的部份用刀刃壓住，
魚身往旁邊拉開，
把整塊硬骨頭拿掉。

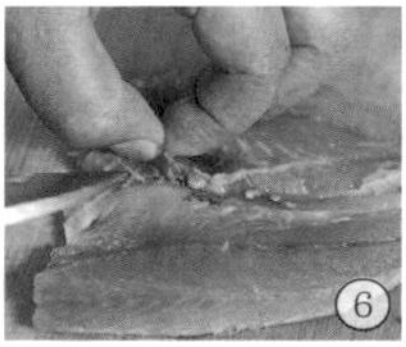

片開之後，
把魚腹中間黑黑的部份削掉。

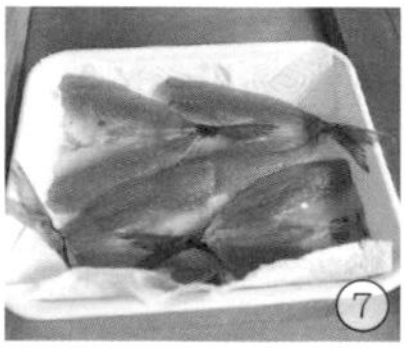

置於廚房紙巾上，
撒上鹽，放置10分鐘。

10分鐘後，
拿一張廚房紙巾放在上面壓一壓，
吸掉多餘的水份，撒上胡椒。

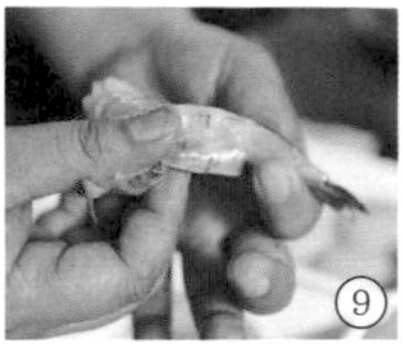

蝦子剝殼。
如果是冷凍蝦，
用菜刀劃開背部挑出腸泥。
（新鮮的蝦子則是用竹籤挑出腸泥。）

切掉蝦尾的尖刺。

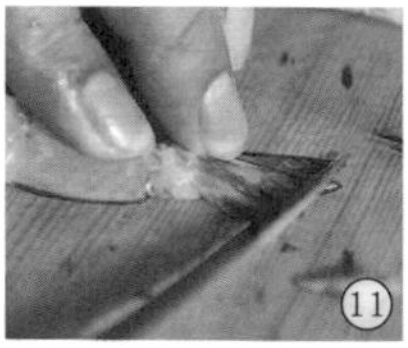

用菜刀擠出蝦尾的水份。

蝦腹切3刀，
深度約蝦子寬度的1/3。

撒上鹽和胡椒。
干貝也同樣撒上鹽和胡椒。

雞翅撒上少許鹽、胡椒和大蒜粉。
用手搓揉一下，然後放著入味。

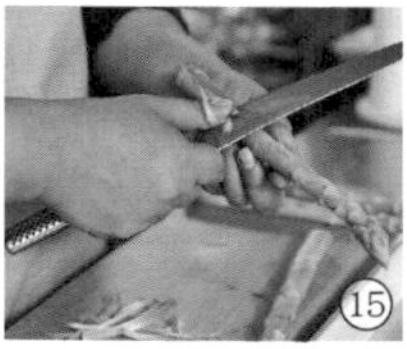

切除蘆筍根部，
削去靠近根部1/3左右的外皮。
（用菜刀或削皮刀都可以。）

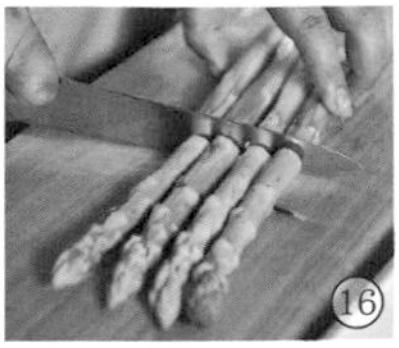

切成一半。

茄子去頭削皮，縱切成半。

香菇去蒂切半。
這樣配料的準備就完成了。

準備麵衣。
雞蛋加入牛奶，攪拌均勻。

備料盤倒上低筋麵粉，
用竹籤插住食材裹粉。
先從蔬菜類開始。

多餘的麵粉用刷子刷落。

蘆筍表面沒有水份的話，
很難沾上麵粉。
所以秘訣在於要在
有一點濕濕的時候裹粉。

沾取蛋液。

放到另一個裝滿生麵包粉的備料盤上，拔掉竹籤，用手從上方覆蓋麵包粉。

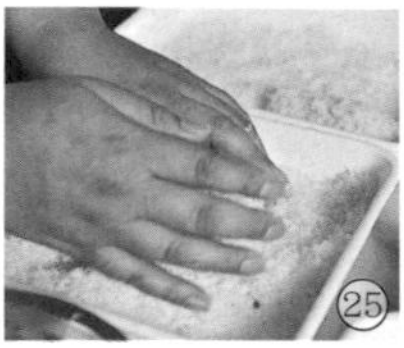

用手壓緊麵包粉免得脫落。

雞翅、干貝、蝦，最後是竹筴魚，也都依照麵粉、蛋液和麵包粉的順序。竹筴魚和蝦子不用插竹籤，直接抓著尾部裹粉即可。

到此，油炸的準備就做好了。為了要炸好之後馬上可以吃，所以趁這個時間先製作沾醬。

其實就是把高湯和豬排醬倒在一起攪拌均勻而已。

然後還要製作塔塔醬。雞蛋水煮後剝殼切碎。

洋蔥切碎過水，去除嗆味後瀝乾備用，青紫蘇切粗丁。美乃滋裡面倒入牛奶、碎蛋、洋蔥與青紫蘇均勻混合，最後用鹽、胡椒、檸檬汁或醋調味。

接著開始油炸。沙拉油和綿實油各半倒入鍋中，加熱至170~175℃。

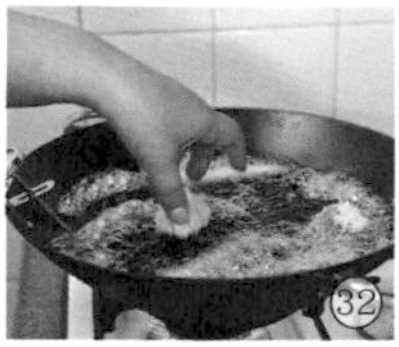

從蔬菜類開始炸。
一次不要下太多，不然油溫會降太低。

麵衣成形之前不要用筷子翻攪。
成形之後可以用筷子翻面。

油渣要撈掉。如果放著不管，
炸油會氧化，味道就會變差。
炸到有點焦味和焦色出來，就好了。

用筷子夾起，輕輕把油甩掉。
如果怕油飛濺，另一手可以拿網杓輔助。
備料盤擺上烤架，
再鋪上一張廚房紙巾來吸油。

確認油鍋溫度保持在175℃，
然後油炸干貝、蝦子、竹莢魚和雞翅。
食材下鍋後油溫會下降，
所以可以在下鍋後馬上開大火約10秒。

海鮮類大概1分半~2分半就熟了。
注意不要讓油溫下降，
炸到呈現金黃色就完成了。

雞翅的油炸時間大約是4分鐘。

油炸物的真面目

村松友視

最近聽到一種說法：天婦羅其實不是油炸料理，而是蒸煮料理。雖然感覺不太合理，卻又不由得點頭同意。的確，天婦羅是將食材先沾上水或蛋液再裹上麵糊，然後油炸而成的料理。事實上直接接觸到熱油的只有麵衣部份，裡面的食材並未接觸到油，因而可以說是蒸煮出來的料理。

如果這麼想，就能真切體會到天婦羅足以代表日本料理的緣由。雖然使用油炸，但油的熱度卻像陽光透過格子門的和紙一樣柔和地浸潤食材，所以可說是如同天女羽衣般具有朦朧美的食物。天婦羅雖然有很多種，像江戶風是炸成比較偏咖啡的深色，京都風則是較淺的白色，另外還有麵衣只用蛋黃的金婦羅，或是只用蛋白的銀婦羅等等，但其中的食材卻同樣都是蒸煮而成。

那麼油炸料理又是怎樣呢？仔細想想，和天婦羅的日本風格相較，油炸物似乎偏洋式口味。但天婦羅一詞的由來其實也眾說紛紜，不論如何都並非日本自古傳下的固有辭彙。有人說是源自於葡萄牙文中的 tempero「調味」，也有人說是葡萄牙文或西班牙文裡的templo「寺廟」，甚至天婦羅的發明還跟劇作家山東京傳扯上關係。繼續往下研究會是個很有趣的題目，不過我們現在要討論的是油炸料理。

油炸物大致可分為兩類，空揚（直接炸）和衣揚（裹粉炸）。空揚是將食材直接放下去油炸，例如洋芋片就是這樣。衣揚則是沾了麵粉、蛋液和麵包粉，然後用大量的油下去炸，可樂餅或是炸豬排等就屬於這類。另外還有炸麵餅，是沾了打發蛋白和麵粉調成的麵糊，裡面的食材包括了牡蠣、花椰菜、香蕉、蘋果等等。在日本，說到油炸物的話，主要指的是將海鮮類裹上麵包粉來油炸，使用其他食材油炸的料理就不是這麼稱呼。

不過仔細想想，不同於空揚的衣揚，嚴格來說確實應該要歸類在蒸煮料理，因為麵衣中的食材並沒有直接接觸到油。另外也有人說，沒有沾粉的油炸方式不叫空揚，要叫素揚。空揚其實是誤用，因為以前裹了麵衣的炸法叫作唐揚，油炸出來的料理稱為唐物，而唐和空在日文中的音讀相同（譯註：都讀作kara），所以後來就變成空揚。像這樣的研究多少還是要知道一點，不然也不會發現不管是天婦羅還是油炸物，都是滿有趣的料理。

換個話題吧。我是在靜岡縣的清水長大，國中、高中上的是靜岡市的學校。靜岡的青葉通這條街上，以前有非常多的路邊攤。我在國中的時候，常常會被帶著和親戚叔叔的小孩一起去吃攤子。

青葉通的路邊攤，後來因為街道重整而搬遷，打散到青葉橫丁、茶切橫丁等四、五個地方形成新的夜市。取得青葉橫丁入口處位置的三河屋一向人潮洶湧，由第二代老闆親自經營的這家店，五點開始營業時就已經有人在排隊了，生意就是這麼好。這裡就是本文的主題，神秘油炸物的表演舞台。

我常常一個人沒事經過就會進三河屋吃點東西。炭火燒烤的茄子、香菇、牡蠣、蓮藕等都超級好吃。黑半片（靜岡特有的關東煮材料，用沙丁魚、山藥和蛋白打漿製成）、竹莢魚等油炸物也是絕妙美味。撒了鯖魚粉和海苔粉的黑輪更給人一種熟悉懷念的感覺。總之，三河屋融會了「烤」、「炸」和「煮」三種風味，對我而言是一家無可挑剔的店。

有一天，三河屋的老闆當著我的面，把一塊看起來很奇妙的東西裝在小盤裡送到我桌上，臉上掛著一副惡作劇的表情。那奇妙的東西是塊和炸牡蠣差不多大小的油炸物。看到老闆暗示我吃看看，放進嘴裡發現還真是好吃。

「猜猜看是炸什麼？」

老闆還是一臉惡作劇的樣子看著我的眼睛。我一邊品嘗著奇妙的油炸口感和食材化在口中的味道，一邊想要推測出食材的真面目，但怎麼樣就是猜不出來。味道很棒，可是到底是什麼東西會這麼好吃，實在很特別。是炸的，但是炸什麼呢？總之是我這輩子從來沒嘗過的味道。而且，雖然真的很好吃，不過自己究竟是覺得什麼好吃呢？越深入思考就越感到詭異。

「要認輸嗎？」

一臉得意的老闆第三次露出惡作劇的表情，於是我舉起雙手投降了。

這塊油炸物的真面目，其實是沉在黑輪鍋底長時間燉煮，沒有被撈給客人，也不能在明天繼續賣，變得黑漆漆的蒟蒻塊。魚肉、花枝、章魚、魚丸、牛筋、蔬菜、水煮蛋、薩摩揚等等，聚集了所有黑輪材料的精華，逃過老闆用網杓撈或用長筷夾的命運，靜靜沉在鍋底的蒟蒻。因為吸收了各種材料的味道，全部的美味都融合在一起分不出來，就連蒟蒻本身也只剩咬下去會覺得既柔軟又堅韌的口感。

不過，居然能想到把不能賣給客人也不能留到明天、在鍋底一直燉煮的蒟蒻拿來炸，真是出人意料。簡直就像收了巨大垃圾在店中陳列的二手家具行。說起來，我其實寫過一本以二手家具行為背景的小說……三河屋的老闆和我筆下《時代屋的老闆娘》中的老闆，好像有些地方還滿相像的。看來我是會被有著這種氣氛的店所吸引的人吶。回過頭來說，這塊像是廢物利用的油炸蒟蒻，到底該算是炸的、蒸的，還是煮的呢？

充滿回憶的
水果三明治。

材料（2～3人份）

麵包

- 三明治用的吐司（一條切成10片） 4片
- 無鹽奶油（沒有的話用有鹽的也可以） 適量

水果

- 草莓 4顆
- 奇異果 1顆
- 香蕉 1根
- 黃桃（罐頭） 1份

打發鮮奶油

- 鮮奶油（純乳脂肪） 200cc
- 細砂糖 2大匙

工具

- 打蛋器

製作重點

媽媽小時候和外公出門，一定會去吃水果三明治。
現在想將這份記憶中的味道在家完整複製出來。
重點在於水果塊要切成同樣的厚度，
鮮奶油不可以塗超過這個高度。
如果鮮奶油塗超過了，切的時候和拿起來吃的時候都會擠出來。
水果還可以使用罐頭蜜柑橘和罐頭鳳梨，
或是白桃和洋梨等，都很好吃。
另外，像是將白蘭地倒入酸奶油中，
再加入碎果乾混合拌成奶油餡，做成三明治，
或是鮮奶油打發之後依個人喜好的用量加入馬斯卡彭起司，
產生另一種濃郁的口感，同樣美味。

做法

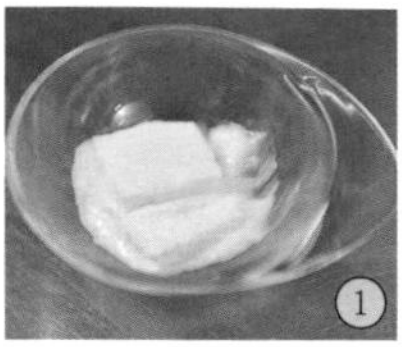

1. 從冰箱拿出無鹽奶油，放在室溫下使其回軟。

2. 草莓洗淨，去蒂切半。

3. 奇異果削皮，切成和草莓同樣厚度，然後再切半。

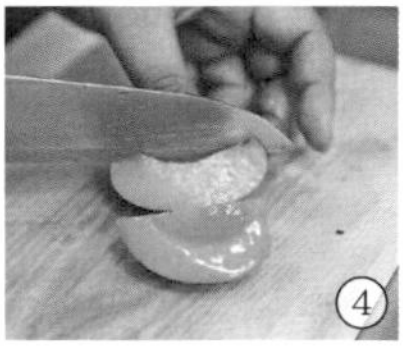

4. 罐頭黃桃切成扇形。（$\frac{1}{2}$顆可以切成4片。）

5. 吸乾水果多餘的水份。備料盤鋪上廚房紙巾，擺上切好的水果塊，上面再鋪一張紙巾，用保鮮膜包好，放進冰箱冷藏。

6. 攪拌盆裝冰水，上面再疊一個大一號的攪拌盆，加入鮮奶油和細砂糖。

7. 用打蛋器將鮮奶油打發，打發至以打蛋器舀起鮮奶油，鮮奶油會呈現尖角（尾端挺立）。打好之後同樣放入冰箱冷藏備用。

吐司單面塗上一層薄薄的奶油，
然後再塗上一層薄薄的鮮奶油。

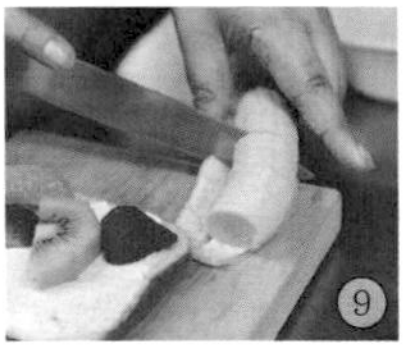

香蕉剝皮，
切成和其他水果同樣的厚度。

擺放水果塊。
之後吐司是切成╳型（分成4塊），
所以要沿著切線擺放，斷面才會漂亮。

在水果塊上塗上鮮奶油抹平，
以水果塊的厚度為基準不要超過，
每個空隙都要塗滿鮮奶油。

疊在上方的吐司內側，
也塗上薄薄一層奶油。

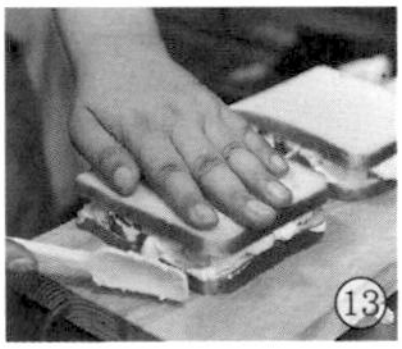

把吐司疊上去，單手壓住，
另一手將跑出來的鮮奶油抹平。

包上保鮮膜，
放進冰箱冷藏15～20分鐘。

切掉吐司邊，
再斜切成4等份，完成。

男生的大盤炒飯。

材料（2人份＝超大盤1人份）

飯和配料

・白飯　400克
・雞蛋　2顆
・豬五花（肉片）　40克
・火腿　3片
・鳴門魚板（漩渦花紋）　1/3條（竹輪亦可）
・長蔥　1/3支

調味料

・鹽　適量
・胡椒　適量
・醬油　1小匙
・酒　1小匙
・油　1 1/2大匙

製作重點

結束社團活動，肚子餓得扁扁地回到家的國中男生。
沒辦法忍到晚飯時間，
所以用冰箱現成的材料炒了滿滿一大盤炒飯。
重點在於要使用大號的平底鍋，還有醬油要混一些酒進去。
如果只用醬油，從鍋邊倒入的時候，
醬油還沒平均流進鍋內就會燒乾了。
加了酒，所有的材料才能都沾到醬油，而且還能帶出酒的香氣。
配料的部份，如果家裡沒有豬五花，當然用叉燒肉也可以。
要讓味道更有層次的話，最後可以撒一點柴魚鬆。
另外，少加點鹽，改加切碎的柴漬紫蘇茄子、奈良漬西瓜皮、
淺漬小黃瓜、醃脆梅等材料，味道會更加豐富。

做法

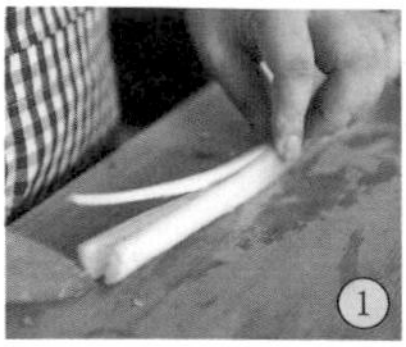

長蔥縱剖兩次。（切面成十字型。）

剁碎成粗粒。

火腿切成1公分小塊。

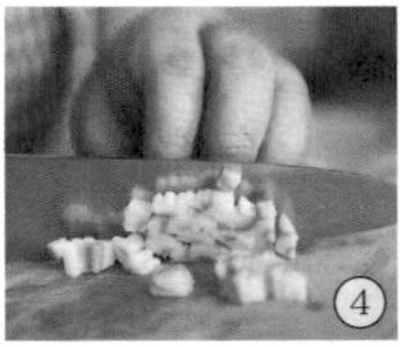

鳴門魚板切成5公釐小塊。

豬五花切成1公分寬。

蛋打入攪拌盆，攪拌均勻。

豬五花撒上鹽少許。

然後稍微用手揉搓一下。

蛋液也加入鹽少許。

醬油和酒混合均勻，最後提味時使用。

平底鍋用大火燒熱，倒油。

放入豬肉。

完全炒熟之後，集中到鍋子的一邊。

空出來的鍋底倒入蛋液。

因為很快就會煎熟，所以要趕快用木鏟攪拌。

等到蛋呈現半熟。

倒入白飯。

木鏟用切劃的方式攪拌，繼續用大火翻炒。

一邊移動平底鍋，一邊用木鏟翻炒，讓食材全部混合。

不停大動作翻炒混合，讓白飯能夠直接受熱。

翻炒3～4分鐘後，加入魚板。

加入火腿。

然後混合均勻。

大動作甩鍋翻炒！

開始調味。
首先加入鹽少許。

加入胡椒。

放入長蔥。

混合均勻之後，嘗嘗味道。
之後還會加入提味的醬油，
所以味道淡一點也沒關係。

從鍋邊倒入調好的醬油。

最後再翻炒均勻。

這樣就完成了。
盛盤後趁熱享用。

打起精神！的牛肉蓋飯。

材料（2人份）

配料

- 牛雜肉 250克
- 洋蔥 1/2顆

調味料

- 牛脂肪 適量
- 砂糖 1/2～1大匙
- 醬油 1 1/2大匙
- 酒 1大匙
- 味醂 1/2大匙
- 昆布高湯 60cc
（100cc的水對上郵票大小的昆布1枚，從中取用。）

其他

- 白飯 蓋飯2碗份
- 紅薑 依個人喜好

製作重點

最近爸爸好像很沒精神。
問他究竟怎麼了，總是回答「沒什麼」。
但好希望能為爸爸加加油，所以媽媽不在家的假日，
自己去買好一點的牛肉，做了牛肉蓋飯當午餐。
重點在於使用日本和牛、較高級的牛雜肉。
如果肥肉多一點，會更好吃。
不要忘記跟肉店要一小塊牛脂肪回來用喔。
昆布高湯的部份，也可以用昆布茶粉泡水溶解來代替。

做法

洋蔥縱切成半，然後切成５公釐的薄片。

平底鍋用大火燒熱，塗上牛脂肪。

放入牛肉，用筷子攤平煎烤。

稍微帶點焦色後翻面。

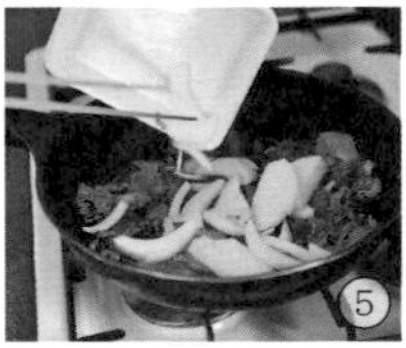

趁著肉還沒全熟，帶點紅色的時候下洋蔥。

用大火大動作翻炒，等到全部食材都沾到油之後……

加入砂糖。

加入酒。

加入醬油，然後迅速混合均勻。

加入昆布高湯，用中火燉煮5分鐘。

不時傾斜鍋子看看煮汁的情況，將煮汁煮到只剩一點點。

加入味醂。

最後稍微煮滾一下，便完成了。

將配料和醬汁淋到丼碗的白飯上。

依個人喜好放上一些紅薑，就可以開動了。

大人小孩都喜歡的
日式炒麵。

材料（2人份）

麵和配料

- 炒麵用的油麵　2球
- 豬五花（肉片）　50克
- 高麗菜　2片
- 豆芽菜　1/2包

調味汁

- 市售雞骨高湯粉　1/2小匙
- 酒　1/2大匙
- 水　1/2大匙

調味料

- 鹽　2小撮
- 胡椒粉　灑4、5下
- 油　1小匙（炒青菜用）＋1/2大匙（炒豬肉用）
- 烏斯特醋　1 1/2大匙
- 中濃醋沾醬　1/2大匙
- 醬油　倒一大滴

撒料

- 柴魚鬆　適量
- 海苔粉　適量
- 紅薑　適量

製作重點

爸爸拿來配啤酒。
小孩子拿來當白飯的配菜，或者光吃麵就大口大口停不下來。
我想做的就是這種大家最愛的炒麵。
最好能用大平底鍋來炒，
使用雞骨高湯粉，
而且一開始炒高麗菜時會炒到快要有點焦，
都是為了再現路邊攤賣的炒麵那種濃郁風味。
使用常見的油麵也是同樣意思。
不過若是改成生拉麵，煮好，過冷水後瀝乾再拿來炒，
也會很好吃。
這裡的調味比較淡，上桌後可以再加些自己喜歡的醬料。
另外，搭配半熟的荷包蛋也很對味。

做法

高麗菜葉洗淨，瀝乾水份。

芯和葉分開。

葉的部份縱剖成半，然後切成1.5公分寬的條狀。

芯的部分切成5公釐的片狀。

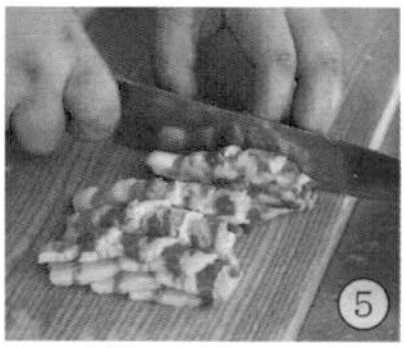

豬五花切成和高麗菜一樣1.5公分寬的條狀。

炒麵用的油麵放在篩子中，用熱水把油沖掉，這樣比較容易入味，麵條也容易炒開。

篩子下方疊一個小型的攪拌盆，把水瀝乾。

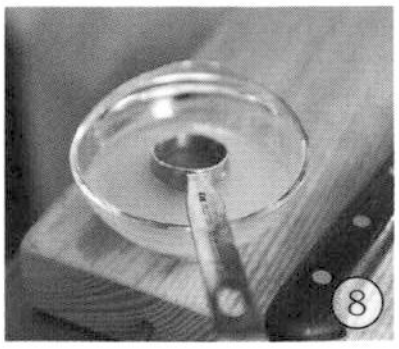

雞骨高湯粉、酒和水
全部加在一起混合均勻。
（當然也可以使用雞湯。）

平底鍋燒熱，倒油，放入高麗菜。
開大火放置1分鐘。

1分鐘後，
等到高麗菜有點要燒焦的感覺再翻面，
同時放入豆芽菜。

快速翻炒約30秒。

先裝在盤子裡。
（暫時不調味。）

同一口平底鍋再倒油，
大火翻炒豬肉。

確認肉稍微有點焦色、出油。

放入油麵。

一邊炒一邊用筷子把麵弄鬆。

麵條都鬆開之後，倒入調味汁。

加入鹽２小撮，胡椒撒個４、５下。

一邊翻炒一邊混合，好讓食材入味。

炒熟的蔬菜倒回鍋中。

加入烏斯特醋。

翻炒混合。

加入中濃醋沾醬。

24 再次翻炒混合。

25 倒入一大滴醬油。

26 將麵和配料均勻地裝盤。

27 撒上柴魚鬆。

28 撒上海苔粉。

29 加點紅薑，完成。
味道調得比較淡，
所以可再添加自己喜歡的醬料，
開心享用。

暑假，
爸爸辛苦了！的糖醋肉。

材料（2人份）

肉

・豬肩里肌 300克

去腥的調味

・鹽 ½小匙
・胡椒 少許
・酒 1大匙

炸肉用的麵衣

・雞蛋 ½顆
・太白粉 3大匙

蔬菜

・洋蔥 ½顆
・番茄 1顆
・香菇 4朵
・青椒 2個
・青紫蘇 2～3片

油

・沙拉油（油炸用） 適量
・麻油（提味用） 1小匙

糖醋醬

・梅子肉 1小匙
・砂糖 2½大匙
・酒 1大匙
・醬油 1～1½大匙
・醋（黑醋亦可） 2～2½大匙
・水 80cc
・太白粉 ½大匙

工具

・炸鍋
・瀝油用的烤架
・網杓（撈油網）
・溫度計（測量油溫）

製作重點

暑假，帶孩子們去游泳的爸爸，回到家精疲力竭。

為了慰勞辛苦的爸爸，運用夏季食材來做可以恢復疲勞的糖醋肉。

其他可以使用的蔬菜還有胡蘿蔔、茄子、蓮藕、香菇和牛蒡等。

冬天的話，根莖類的蔬菜很好吃。

不愛青椒的人可以改用切成5公分長的紅蔥。

另外，使用黑醋會讓口味更偏向大人。

梅子肉換成番茄醬1大匙，則是讓小朋友開心的甘甜滋味。

做法

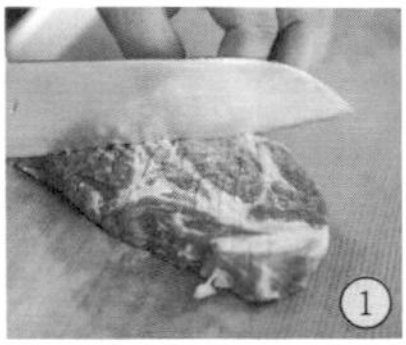

豬肉單面切出約8公釐間隔的格狀花紋，入刀深度約3公釐。

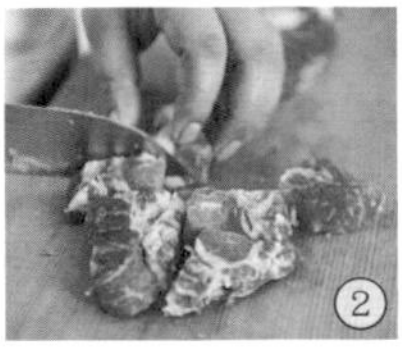

切成一口大小，放入攪拌盆。

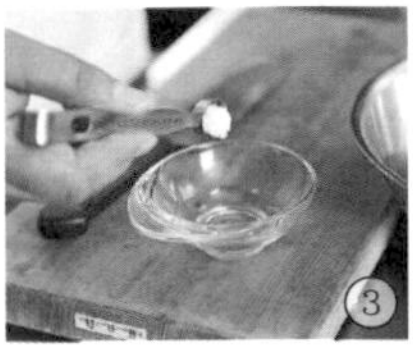

製作去腥用的調味液。酒倒入容器中，加入鹽溶解，攪拌均勻。

淋在豬肉上，撒點胡椒進去用手攪拌一下，就這樣放置一會兒。

製作糖醋醬。將梅子肉剁碎。

梅子肉、砂糖、酒、醬油和醋加在一起。醬油的用量視梅子的鹽份調整，醋也依個人喜好添加。

加入水，攪拌均勻。

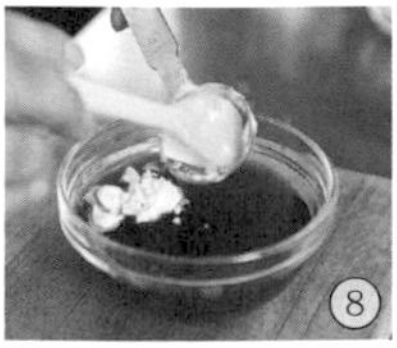

最後是太白粉，
也要溶解攪拌均勻。

開始準備蔬菜。
洋蔥切成扇形。

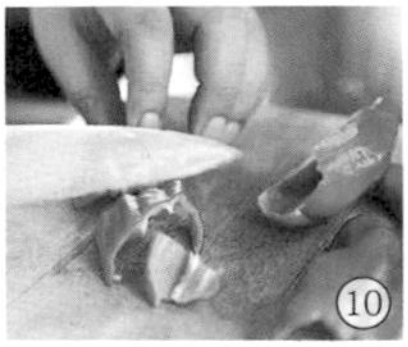

青椒切半，拿掉蒂頭和種子，
斜切成一口大小。

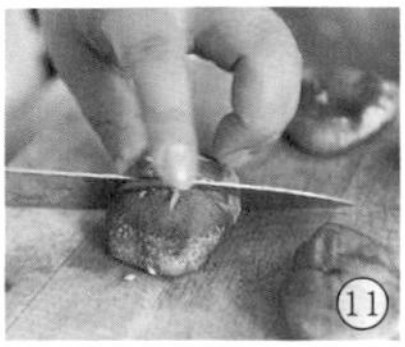

香菇去蒂，斜切成兩塊。

番茄切成一口大小的滾刀塊。

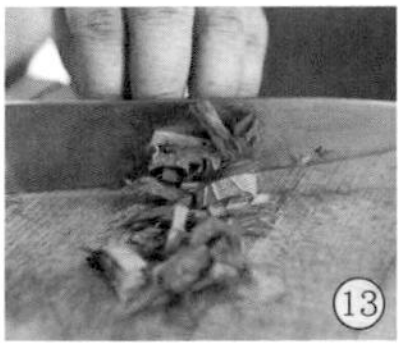

青紫蘇縱切成3半，
再切成5公釐寬的小條。

開始準備油炸。
去腥後的豬肉拌上蛋液。

用手快速混合一下。

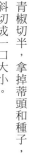

加入太白粉，
再次用手混合均勻。

油鍋溫度170～175℃。
先從蔬菜開始炸，
不用沾任何麵衣或粉「直接炸」。
這樣的方式會比用炒的更「酥脆」。

炸大約10秒，
過個油就趕快撈起，
放到廚房紙巾上吸去多餘油份。

香菇也直接炸。

等到呈現金黃色後，
同樣放到廚房紙巾上吸去多餘油份。

豬肉用170℃炸4分鐘。
肉入鍋後會讓油溫下降，
所以最初的1分鐘要開大火。

肉快要炸好的時候，
將糖醋醬倒入平底鍋，
一邊攪拌一邊用中火煮到濃稠。

等到肉塊呈現這麼漂亮的金黃色，
就表示已經炸好了。
將肉撈起稍微甩一下瀝油，
然後放到廚房紙巾上吸去多餘油份。

糖醋醬變得濃稠之後，放入番茄。

番茄炒熱後，放入肉塊和蔬菜，用大火快速翻炒。

最後倒入一大滴麻油增添香氣。

裝盤，灑上青紫蘇，完成。

家常牛排
（大人的沙朗牛排）。

材料（2人份）

牛排

- 沙朗牛肉　1.5公分厚・200克2片
- 牛脂肪　適量
- 鹽　適量
- 胡椒　適量

牛排醬

- 蜂蜜　2小匙
- 白酒　2大匙
- 蒜頭醬油　2大匙
（蒜頭2片泡在50cc的醬油中）

馬鈴薯泥

- 馬鈴薯　2顆
- 牛奶　50cc
- 奶油　5克
- 鹽　1/2小匙

鯷魚奶油蘑菇

- 蘑菇　15朵
- 奶油　30克
- 鯷魚　2條（片好去除魚骨）
- 蒜泥　1/2小匙
- 切碎的巴西里　1/2大匙

其他

- 西洋菜　適量
- 美式芥末醬　依喜好適量

工具

- 鑄鐵平底鍋
- 竹籤
- 小烤箱

製作重點

小孩要是去住阿嬤家或是參加營隊外宿的時候，
夫婦兩人便可稍微豪華一點，在家煎個牛排來吃吃。
平常可能捨不得買、有點高級的沙朗牛排，
就是今天的午餐。
搭配以蒜頭醬油為基底調製成的牛排醬。
自己製作的蒜頭醬油，
可以作為烹調肉類或炒菜的萬能調味料。
另外，牛排醬還加了有點焦味的蜂蜜。
微苦的香氣，是讓人能吃掉一整塊油脂豐郁的沙朗牛排，
卻仍然意猶未盡的秘訣。

做法

前一天先將牛肉用廚房紙巾包起，保鮮膜密封後，置於冰箱冷藏一天。這樣就能吸除多餘的水份。

這也是前一天要做的準備工作。蒜頭切片去芯，放進醬油裡浸泡。在冰箱冷藏一天就會變成蒜頭醬油。

今天要來煎牛排了。從冰箱把牛肉拿出來，除去保鮮膜和廚房紙巾。

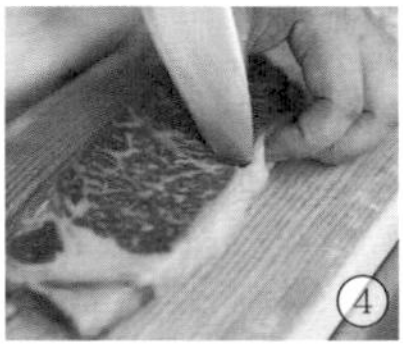

用菜刀切開肥肉和瘦肉中間的筋，大概每間隔2公分劃一刀。這是為了讓牛排能夠受熱平均。然後放置30分鐘回溫。

接下來要做的是配菜的馬鈴薯泥。馬鈴薯削皮切成8塊，泡水5~10分鐘。

馬鈴薯放進鍋子裡，加入水，水的高度約和馬鈴薯平高，開火。

煮滾後把火關小，維持在微滾的程度，燉煮至竹籤可以穿透。

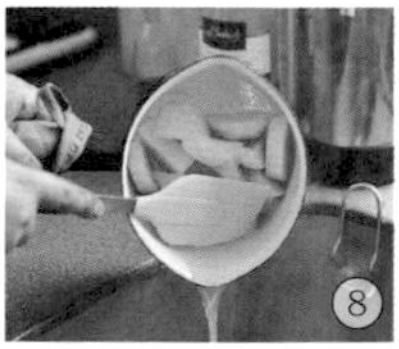

煮好後把水倒掉。

用耐熱的橡皮刮刀或木鏟弄碎。

攪拌至柔滑後加入牛奶。

加入鹽和奶油，開火，攪拌至黏稠。
（冷了之後會變硬，
濃稠度的調整必須將這點考慮進去。）

拌好後離火，在一旁放涼。

製作蘑菇調味用的鯷魚奶油。
將切碎的鯷魚、蒜泥、
切碎的巴西里加入奶油中，攪拌至黏稠。

蘑菇去蒂切半。

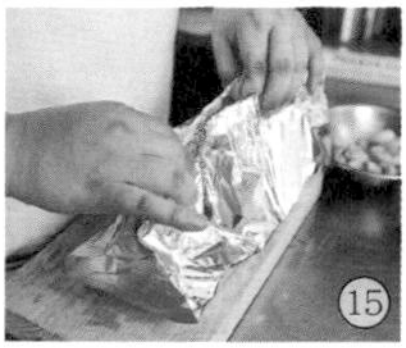

鯷魚奶油和蘑菇
放到鋁箔紙上密封包起，
放入小烤箱用中火烤15～18分鐘。
也可以放入平底鍋加蓋煎烤。

牛排煎至五分熟。鑄鐵平底鍋（家裡沒有的話用不沾鍋也可以）用中火燒熱約1分半鐘，塗上牛脂肪。

擺盤時朝上的那面，煎的時候要朝下，大約煎個1分鐘。現在朝上的那面，撒上鹽和胡椒。

翻面後，煎40秒。（如果牛排更厚一些，時間就要再延長。）現在朝上的那面，撒上鹽和胡椒。

一塊裝一盤。盤子先用熱水沖過加溫。

製作牛排醬的時候，用鋁箔紙包起，免得冷掉。

用廚房紙巾拭去平底鍋裡殘餘的油脂。

開小火，加入蜂蜜。

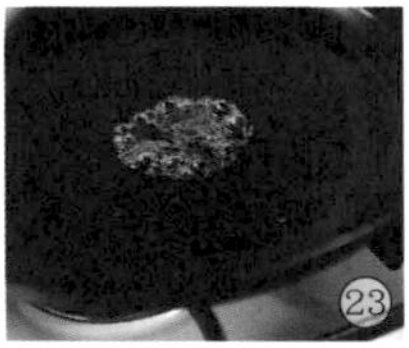

因為很容易燒焦，要小心看著鍋子。

變成帶點咖啡色以後，
關火，加入白酒。

加入前一天泡好的蒜頭醬油，
這樣牛排醬就做好了。

盤子擺上西洋菜和馬鈴薯泥。
牛排醬用另外的容器盛裝，
要吃的時候再沾。

可以只搭配鹽和胡椒吃原味，
或是沾牛排醬，
或是依自己的喜好
沾點美式芥末醬也不錯。

鯷魚奶油蘑菇另外裝盤，立刻享用。

家常牛排

石川直樹

小時候所謂的大餐，當然非牛排莫屬。

從幼稚園一直到國小三、四年級左右，我們家在週末時，常常會到位於青山的爺爺家玩。和爺爺打過招呼休息一下之後，就會和爸媽及奶奶一起到紀伊國屋購物。當時紀伊國屋還沒改建成現在的高樓，是一棟堅固厚實的建築，看起來比附近的超級市場要來得沉穩。我離開推著購物車的爸媽，在店裡四處遊盪，覺得時間大概差不多了才往結帳處走去。

「應該差不多買完了吧。」

走到收銀櫃台，發現奶奶還在排隊。我把櫃檯旁邊擺的 Bubblicious 泡泡口香糖和 Pez 糖果丟進推車裡。媽媽用「你還要買啊？」的表情看著我，但奶奶卻面帶微笑示意著沒關係。像這樣的週末短暫時光，是年紀尚小的我幸福回憶中的一部份。

奶奶一向會在紀伊國屋的鮮肉區購買名為「紐約牛排」的牛肉。脂肪不多的紅肉，一塊200克以上這麼大的肉排。奶奶開口說要買，穿著白色制服的叔叔就會從玻璃櫃裡把肉拿出來用紙包好。

肉排在晚餐時就會和它的名字一樣，煎成牛排上桌。現在回想起來，刀叉的使用方式應該就是那時候學會的。當時根本不知道有牛排醬這種東西，理所當然地沾著醬油來吃，但還是覺得非常美味。有牛排的時候，總會多吃一碗飯。啊，不對，平常時候多半也會吃第二碗，但有牛排的時候一定會吃到第三碗。

從那時起，大餐就和牛排畫上等號了。不過，上了大學比較常和朋友去喝一杯，或是到東京以外的地方旅行，所以在家裡吃牛排的機會就變得少之又少。反而是在旅行時突然感到空虛，或是出遠門回來很疲憊的時候，常常會拿吃牛排當作給自己的獎勵。

高二的夏天我去了印度，身上帶的錢不多，伙食費相當拮据。每天只能吃路邊攤的咖哩或是小店的炒飯，在街上邊走邊逛邊咬著麵包也不覺得無趣。後來印度的喧囂讓我有些厭煩了，於是啟程前往尼泊爾的加德滿都，又開始有心情想要吃點好東西。在必須穿著登山鞋出門的山上，只吃得到雪巴人的豆類料理，印度甜奶茶也喝到膩了，的確該是吃整塊肉的時候。為了好好補一補，我認真地考慮大手筆地在這裡找牛排來吃吃。

走進小館子，翻了翻菜單，果然在稍微高價一點的肉食料理那一頁看到了牛排。我毫不考慮地點了，而且還不忘搭配大碗白飯。送到桌上來的料理的確是充滿肉汁的牛排，我忍住想要大口撕咬的衝動，仔細地咀嚼吞嚥。也許是太久沒吃了吧，這塊牛排實在是美味極了，讓我對尼泊爾的印象到現在都還是極佳無比。

在徹底飽餐一頓之後，我又繼續飛向旅行的天空。不過後來才聽說，印度和尼泊爾賣的牛排其實不是黃牛肉，而是水牛肉。對印度教徒來說，黃牛是神聖的動物，不能殺來吃，但水牛就沒這個問題。仔細想想，尼泊爾一般人民去的小館子應該是不太可能出現牛排這種食物，可是當時還是高中生的我其實沒想到那麼多。水牛的飼養不需太用心就可以長得好，不僅肉和奶可供食用，也是田裡重要的勞動力，至今在亞洲仍隨處可見。以為吃了黃牛肉而開心得不得了的我，味覺到底是出了什麼問題啊？不過也許就是因為這麼遲鈍，所以才能持續地踏上一段又一段的旅程吧。

在旅途中吃牛排，感覺好像沒什麼，但對我來說算是一種奢侈的行為，吃完得到的滿足感不是其他食物可以比擬。雖然不管吃什麼都可以吃得飽，但一想到「吃牛排囉！」不知為何全身就會充滿源源不絕的力量。看來我的身體真是有夠單純啊。

經過那次印度和尼泊爾之旅，我也成年之後，是曾經有過極少數幾次機會，因為採訪或工作的關係吃了餐廳的牛排，但很奇怪，那麼高級的店卻無法讓我覺得好吃。我覺得媽媽用平底鍋煎的牛排，或是在尼泊爾吃到的便宜水牛排反而比較美味，而且能讓人振作精神。和是哪裡來的肉無關，也和全熟或半熟無關，而是餓著肚子的我因為自己的意志產生想吃牛排的念頭，不管是在哪裡都會覺得最好吃。

關於牛排的幸福回憶，最近又新添加了一筆。那就是吃到本書作者飯島小姐煎的牛排，真的是人間極品。牛排基本上是一種豪邁的食物，飯島小姐的牛排當然不例外，但是卻又很容易用刀切開，口感和味道都很柔軟。我的感覺是，就算不大口咀嚼，也會直接滑進喉嚨裡。不管是在哪個天涯海角，我相信只要在疲憊的時候能吃到這樣的牛排，一定能夠再次邁開腳步繼續往前走。

冒險和牛排可以說是很好的搭檔。當想跨出新的一步時，自己就會產生想吃牛排的欲望。這麼一來，堵塞的力量便會慢慢地流通起來，人也會無時無刻精神飽滿。

媽媽要出門那天早餐的
馬鈴薯沙拉。

材料（4～5人分）

豪華的馬鈴薯沙拉

・馬鈴薯（男爵）　中型3顆
・鹹甜鱈魚（＊）　2塊
・雞蛋　2顆
・蠶豆　4～5個豆莢，約20顆
・奶油　10克
・美乃滋　3～4大匙
・鹽　2小撮
・胡椒　少許

（＊鹹甜鱈魚指的是日本使用薄鹽所醃製過的鱈魚。）

家常的馬鈴薯沙拉

・馬鈴薯（男爵）　中型3顆
・洋蔥　1/4顆
　＋鹽　2小撮
・小黃瓜　1條
　＋鹽　2小撮
・胡蘿蔔　1/2條
・火腿　3片
・奶油　10克
・醋　1/2大匙
・鹽　2小撮
・胡椒　少許
・美乃滋　3～4大匙

道具

・竹籤
・蒸籠
・超吸油吸水紙巾
（比一般廚房用紙巾更堅固，吸油、吸水力強。此外，不可用於烤箱。）

製作重點

媽媽要出門的假日。
「肚子餓了可以吃這個喔。」
做了好多好多，兩種不同口味的馬鈴薯沙拉。
當配菜也可以，
塗在吐司上或是夾成三明治也可以。
重點在於馬鈴薯要連皮一起蒸上一段時間，
才能將甜味引出來。
買不到蠶豆的時候，
可以改用玉米、毛豆、蓮藕或花椰菜等當季蔬菜，
蒸好之後再加進去。

做法（豪華的馬鈴薯沙拉）

馬鈴薯洗淨，
連皮放入充滿蒸氣的蒸籠。
大約蒸40分鐘。

水煮雞蛋。
常溫的雞蛋放入熱水中煮12分鐘，
煮到蛋黃全熟。

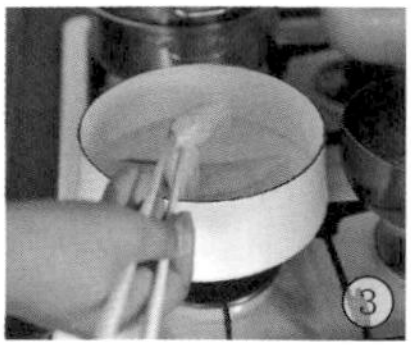

起另一鍋水煮到滾，
加入少許鹽（額外份量），
放入鱈魚煮5～6分鐘，直到熟透。

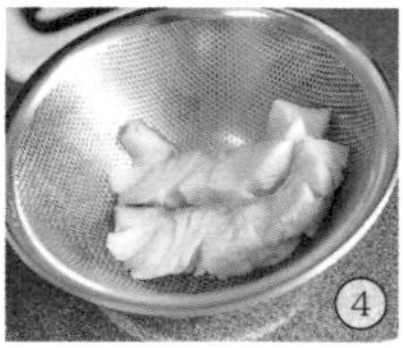

熟了以後用篩子撈起放涼。

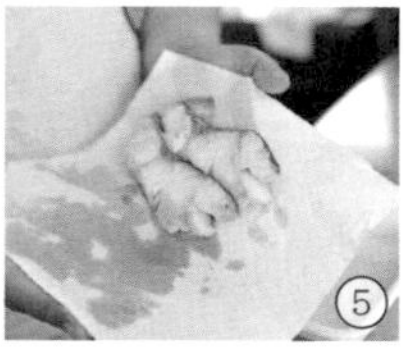

放涼後用廚房紙巾吸乾水份。

把魚肉弄碎，魚刺挑掉。

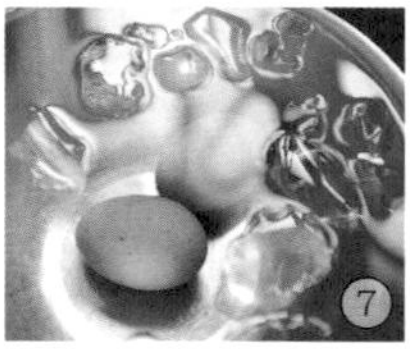

雞蛋煮好後馬上泡冰水。

放涼後剝殼。

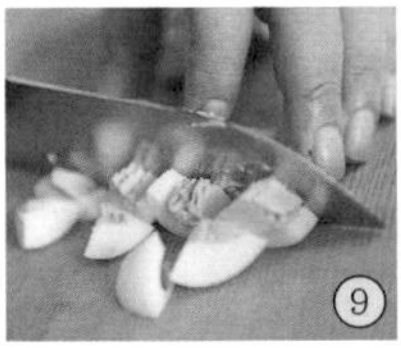

切成小塊。
先縱切４等份，
再橫切４等份。

從豆莢中取出蠶豆，
放到超吸油吸水紙巾上。

放進正在蒸煮馬鈴薯的蒸籠裡，
蓋上鍋蓋蒸10分鐘。

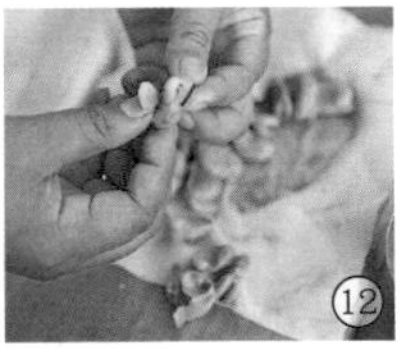

10分鐘後拿出蠶豆放涼，把皮剝掉。
因為待會要搗碎，
所以即使有點弄破也沒關係。

馬鈴薯蒸了40分鐘後，
用竹籤戳戳看，
如果能穿透的話表示已經蒸好了。
從蒸籠裡拿出來。

趁熱用紗布包住摩擦，
很容易就能把皮剝除。
小心不要被燙到。

放進大攪拌盆裡，
用木鏟或是湯杓背面搗碎。

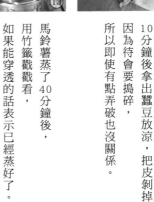

趁熱加入奶油，
快速攪拌均勻。

加入鹽2小撮，
胡椒隨意，
然後放涼至常溫。

加入弄碎的鱈魚。

加入美乃滋。

加入蠶豆，攪拌混合。

最後加入水煮蛋。

全部攪拌均勻後就完成。
嘗一下味道，
不夠的話再加一些鹽和胡椒提味。

和吐司、萵苣、火腿、
番茄一起做成單片三明治也不錯。

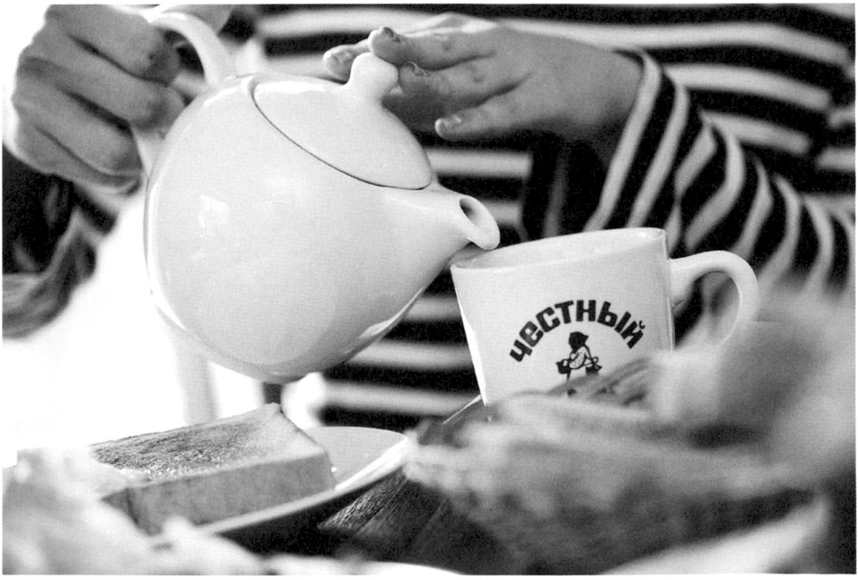
ЧЕСТНЫЙ

做法（家常的馬鈴薯沙拉）

① 蒸馬鈴薯，約40分鐘。

② 火腿切絲。先對切，然後切成約7公釐寬的小條。

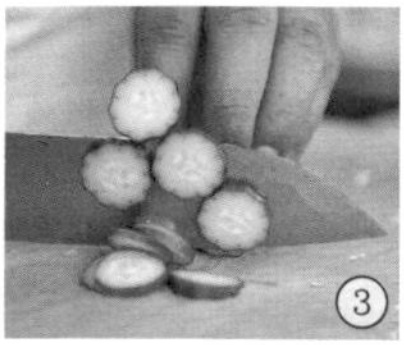

③ 小黃瓜切成3公釐厚的圓片。

④ 放入攪拌盆，撒一些鹽，放置小黃瓜變軟。

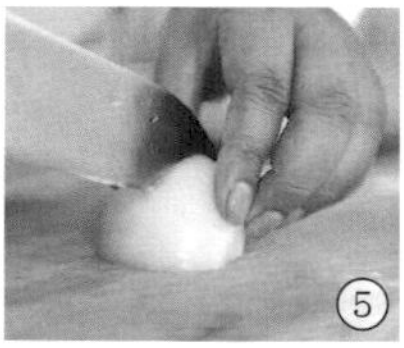

⑤ 1/4顆洋蔥再橫切成半。

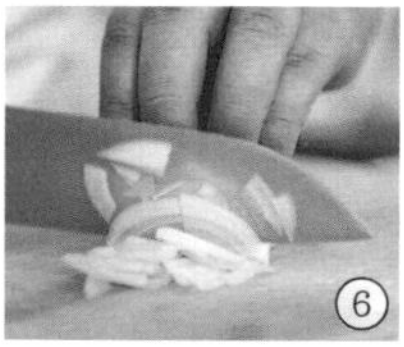

⑥ 順著纖維切斜片。

⑦ 放入另一個攪拌盆裡，撒上鹽。

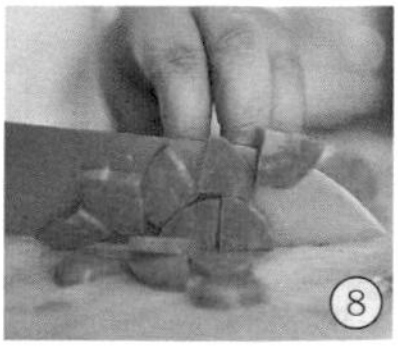

胡蘿蔔削皮後切成3公釐厚的小塊。

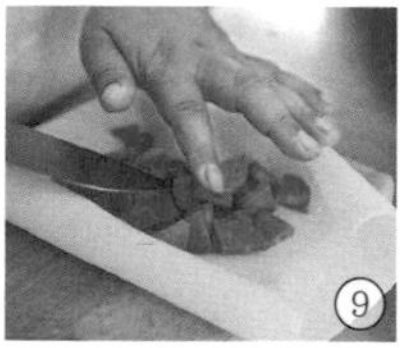

用超吸油吸水紙巾包起。

將胡蘿蔔放進正在蒸煮馬鈴薯的蒸籠裡，蓋上鍋蓋蒸10分鐘。

洋蔥放軟後用水沖洗。

過篩瀝乾。

用超吸油吸水紙巾包起擰乾。

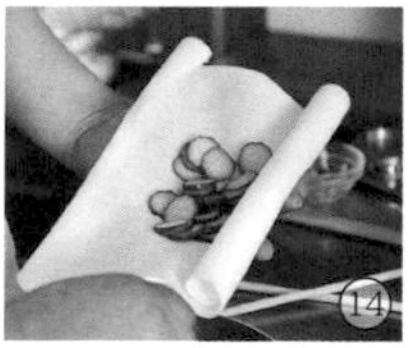

小黃瓜也用水沖一下，放到超吸油吸水紙巾上。

包起來用力擰乾。

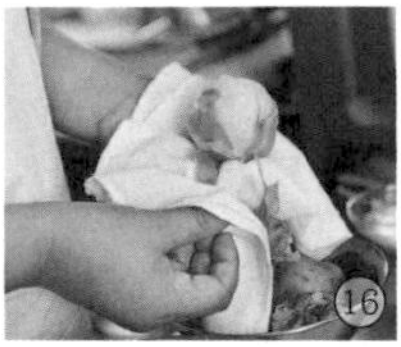

馬鈴薯蒸了40分鐘後，
用竹籤戳戳看，如果能穿透的話，
表示已經蒸好了。
從蒸籠裡拿出來，趁熱用紗布剝皮。

用木鏟輕輕壓碎，
一邊加入奶油。

快速攪拌後，
加入鹽２小撮，胡椒少許。

再整個攪拌均勻。

加醋。

趁熱加入洋蔥。
「趁熱」是重點，這樣洋蔥的嗆味
會比較不明顯，也容易變軟，
味道較能和馬鈴薯沙拉調和在一起。

攪拌混合均勻。

加入蒸好的胡蘿蔔，
還有點熱度也沒關係。

攪拌後放涼至常溫。

變常溫後加入美乃滋。

將美乃滋和馬鈴薯泥仔細拌勻。

加入火腿。

加入小黃瓜。

最後再次攪拌均勻就完成。
嘗一下味道，
不夠的話再加一些鹽和胡椒提味。

下雪天的
奶油濃湯。

材料（4人份）

配料

- ・雞腿肉 2塊（500克）
- ・馬鈴薯 2顆
- ・胡蘿蔔 1條
- ・洋蔥 1顆
- ・蘑菇（白） 6朵
- ・大白菜 1/8棵
- ・菠菜 1/2把

湯和調味料

- ・鹽 1/2小匙（肉去腥用）
- ・油 1大匙
- ・白胡椒 少許
- ・水 500cc
- ・高湯塊 1塊
- ・月桂葉 1片
- ・鹽 1小匙（最後提味用）

白醬

- ・奶油 40克
- ・麵粉 3大匙
- ・牛奶 400cc
- ・鮮奶油 50～100cc（依喜好適量）

製作重點

下雪寒冷的日子。
讓全家人身體都能暖和起來的奶油濃湯。
雖然很少人會在奶油濃湯裡加入大白菜和菠菜，
但這樣能讓濃湯變得更加濃稠滑順。
如果家裡有現成的雞高湯，可以直接取代水和高湯塊。
另外，將牛奶換成豆漿，則會讓濃湯的風味更濃郁，
請一定要嘗試看看。

做法

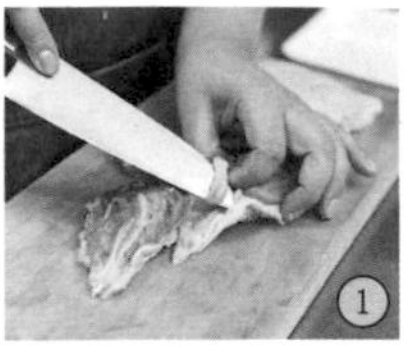

雞腿肉剔去多餘的脂肪和血塊。

切成一口大小。

撒上去腥味的鹽。

撒上白胡椒。

用手抓揉均勻入味。

切白菜。葉的部份切成5公分長的片狀。

根部白色的芯同樣切成5公分長的片狀，然後切成2～3公分寬的長條。

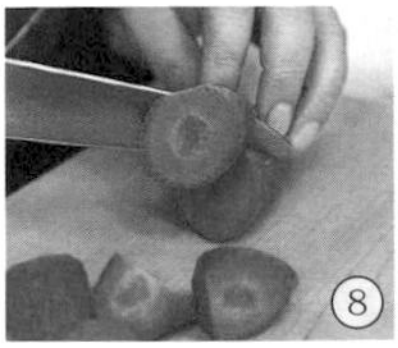

胡蘿蔔削皮後切滾刀塊。

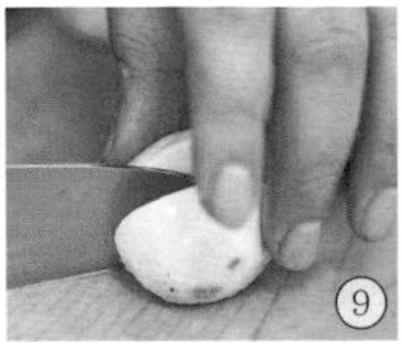

蘑菇縱剖成半。

洋蔥切成扇形。

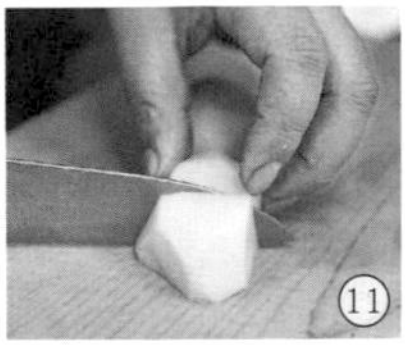

馬鈴薯削皮後切成一口大小。
如果是大顆的馬鈴薯，
可以將1顆切成8等份左右。

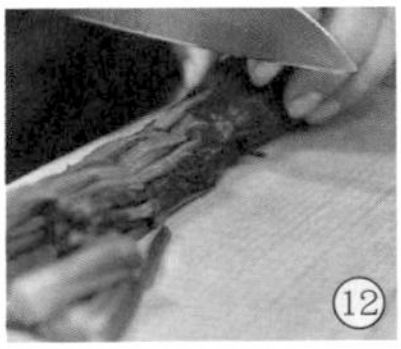

菠菜用水煮，
然後過水擰乾，
切成5公分的長段。

平底鍋燒熱，倒油，
雞肉用大火兩面煎過。

裡面還沒熟也沒關係，
只要表面著色即可，
煎好後倒出備用。

用同一口平底鍋大火快炒
胡蘿蔔、洋蔥和蘑菇。

這裡同樣裡面沒熟沒關係，
稍微炒過之後移到湯鍋裡。

加入水、高湯塊和月桂葉，
用中火煮10分鐘。

等待的時間用另一口鍋子製作白醬。
加入奶油用小火融化。
這時再拿另一口鍋子，
或是用微波爐將牛奶加熱至微溫。

奶油差不多都融化之後，加入麵粉。

用中火加熱，攪拌均勻，
小心不要燒焦。

將溫好的牛奶一次倒入。

持續攪拌，小心不要燒焦，
用小火繼續加熱7～8分鐘。

現在回到燉煮配料的鍋子。
燉煮10分鐘後，加入馬鈴薯。

然後再加入雞肉。

加入白菜的芯。

加入白醬。

混合均勻後，蓋上鍋蓋，
用中火加熱5分鐘。
不時掀開蓋子攪拌一下。

最後加入白菜葉和提味用的鹽。

蓋上鍋蓋燉煮10分鐘。
不時掀開蓋子攪拌一下。

加入鮮奶油，
最後再加一點鹽和胡椒調味。

加入水煮的菠菜後就完成了。

TIGER

姊妹火鍋。

材料（4人份）

配料

- 蝦（帶殼） 4隻
- 金目鯛 2片
- 生鱈魚 2片
- 雞腿肉 1塊
- 香菇 4朵
- 金針菇 1把
- 絹豆腐 1塊
- 大白菜 6片
- 茼蒿 1把
- 山芹菜 1把
- 蒟蒻絲 1包
- 胡蘿蔔 4公分長即可
- 長蔥 1支

肉丸子

- 雞絞肉 400克
- 鹽 1小匙
- 胡椒粉 少許
- 雞蛋 1/2顆
- 生麵包粉 20克
- 雞湯 2大匙（或是水2大匙對上雞骨高湯粉 1/2小匙）
- 洋蔥 1/4顆
- 低筋麵粉 1/2大匙

煮肉丸的湯汁

・鹽　1小匙
・水　600cc

高湯

・高湯　1,500cc
（2公升的水，對上10公分正方形大小的昆布1片和柴魚片30克）
・酒　4大匙
・淡味醬油　3大匙
・味醂　2大匙
・鹽　1/2小匙

火鍋佐料

・萬能蔥（台灣的珠蔥，取青色部份切碎）
・柚子胡椒
・蘿蔔泥
・酢橘／金桔

以上依個人喜好

結尾的鍋底料理

・白飯（雜炊粥用）　適量
・烏龍麵　適量
・雞蛋　1/2顆

工具

・砂鍋
・壽司捲簾
・竹籤
・桌上型瓦斯爐

製作重點

姊妹聚會談心之夜，大家開心享用的火鍋。
結尾的鍋底料理通常是烏龍麵和雜炊粥選一種來煮，
不過今天我們兩種都吃！
蔬菜出水會讓高湯味道變淡，
所以重點在於把事先煮好肉丸、
匯聚了雞肉精華的高湯留下來使用。
這樣味道會有更多層次，也不容易吃膩。
肉丸的份量有點多，要是吃不完，可以做成漢堡排或炸肉餅。
另外，配料中的雞腿肉改用豬火鍋肉片也很好吃。

做法

首先準備肉丸。攪拌盆內加入雞絞肉、鹽、胡椒、雞蛋、泡了雞骨高湯的生麵包粉，和碎洋蔥，撒入低筋麵粉，用手抓揉2分鐘。

全部混合均勻，抓揉至出筋後，放入冰箱冷藏。

胡蘿蔔切成5公釐的薄片。直接切成圓片就可以，不過如果想加點裝飾效果，切成花型會更漂亮喔。

白菜煮到軟，煮好後撈起放在竹篩上。

接下來茼蒿汆燙一下，撈起來後把水擰乾，也放在竹篩上。

取三片白菜葉，把菜葉跟菜梗的方向互相錯開、葉緣稍微重疊，鋪在捲簾上。

靠身體前方的菜葉擺上燙好的茼蒿。

把捲簾仔細地捲好。

用力擠出水份。

切成4～5公分寬的菜捲。

山芹菜切成3段。

汆燙蒟蒻絲，撈起後放涼。

食指和中指微微打開成V字型，取適量蒟蒻絲捲在手指上。

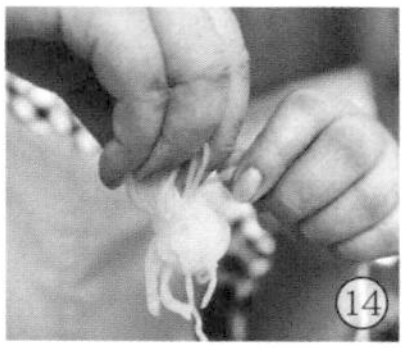

捲到最後將蒟蒻絲塞進中間，做成容易入口的大小。

香菇去蒂斜切成半。

金針菇切除根部。

蔥切斜片。

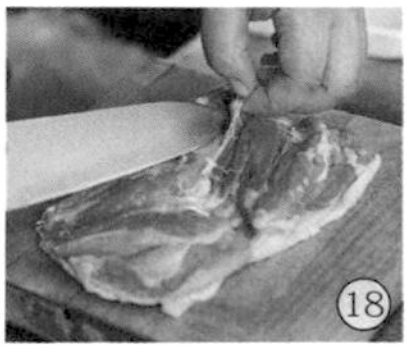

雞肉剔去多餘的脂肪和血塊。

切成容易入口的大小。

金目鯛一片斜切成3等份。

鱈魚也是一片斜切成3等份。

蝦子要去掉背部的腸泥。
用竹籤挑一下，再用手拉出。

雞肉汆燙。
放入熱水等到表面變白。

泡入冰水中。

用篩子撈起瀝乾。

同樣方式汆燙金目鯛。

鱈魚也用同樣方式汆燙。

高湯加入酒、淡味醬油、味醂和鹽調味。煮火鍋時高湯乾了要再加，所以要多準備一些。

豆腐切成8等份。

製作肉丸。冷藏好的雞絞肉用湯匙挖成一口大小。

鍋中加水煮滾，600cc的水對上1小匙的鹽，放入雞肉丸。

肉丸子浮起來後再煮3分鐘，然後用篩子撈起。煮的時候要漂去浮沫。煮肉丸的湯汁不要倒掉，等吃完火鍋後要再煮烏龍麵時，可以當成高湯使用。

砂鍋倒入6分滿的高湯。

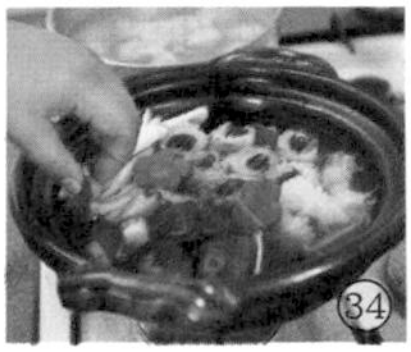

放入雞肉、香菇、蒟蒻絲、胡蘿蔔、蔥和白菜茼蒿卷。

蓋上鍋蓋開火。使用桌上型瓦斯爐就可以了。

煮滾後加入魚、肉丸、金針菇、豆腐和山芹菜，再次煮滾之後就完成了。可依個人喜好搭配佐料，開動！

結尾的鍋底料理，首先是煮烏龍麵。把剛才煮肉丸的高湯倒進來使用。

還吃不飽的話，剩下的湯汁可以煮雜炊粥，別忘了把用剩的蛋都加進去。

聖誕節的草莓鮮奶油蛋糕。

材料（6人份）

水果
・草莓　20～24顆

海綿蛋糕（18公分）
・雞蛋　中型3顆
・低筋麵粉　90克
・細砂糖　80克
・無鹽奶油（沒有的話用含鹽的也可以）麵糊用40克＋塗抹模具用適量

草莓糖漿
・細砂糖　50克
・水　50cc
・利口酒　1大匙
・現擠草莓汁　3大匙

打發鮮奶油
・鮮奶油（純乳脂肪）　400cc
・細砂糖　2大匙

裝飾
・薄荷葉　適量

工具

・蛋糕模具（18公分）
・烘焙紙
・刷子
・手持電動攪拌器
・烤箱
・竹籤
・打蛋器
・蛋糕轉台
・蛋糕用刮刀
・擠花袋

製作重點

只是因為想在聖誕節的時候吃，
所以做了一整個草莓鮮奶油蛋糕。
重點在於海綿蛋糕要刷滿新鮮草莓現做的糖漿，
還有就是鮮奶油不要完全打發，
半濃稠的狀態時均勻抹在蛋糕上。
製作糖漿會用到的利口酒，
不常使用的人買迷你瓶裝就好了。
也可以使用覆盆子酒或是君度橙酒。
切蛋糕時，刀子先用熱水燙過後擦乾，
或是放在火上烤一下，等降到微溫的時候再切，
這樣蛋糕切口才會漂亮。
別忘了每切完一刀，要把沾在刀上的奶油擦乾淨再繼續。

做法

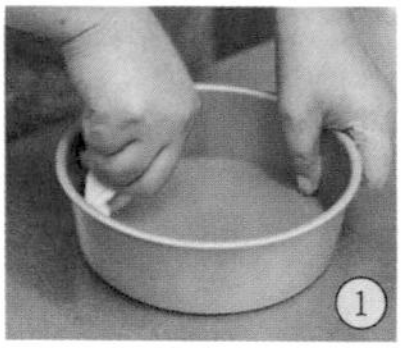

18公分蛋糕模具的內側和底部，
用回溫後的奶油全部塗上一層。

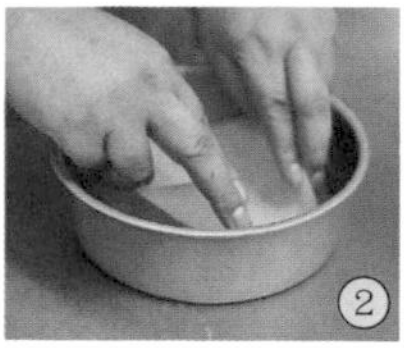

剪一張圓形的烘焙紙鋪在模具底部。

內側也鋪上和模具等高的烘焙紙。

奶油隔熱水融化。

回溫後的雞蛋打入攪拌盆，
加入一半細砂糖，稍微混合一下。

用比攪拌盆稍小一圈的鍋子
把水煮開，離火。
將攪拌盆架在鍋子上，
一邊讓盆底加溫，
一邊用電動攪拌器打蛋。

一邊打蛋一邊加入剩下的細砂糖。

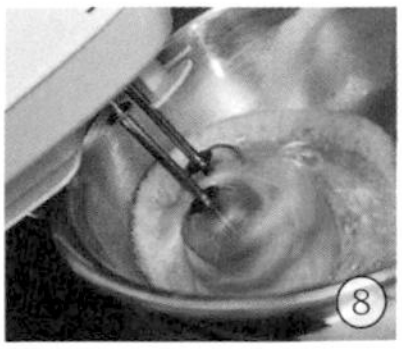

當溫度升到與皮膚一樣的微溫後，把裝熱水的鍋子拿開，繼續打蛋。

關掉電動攪拌器，提起來看看，如果蛋液會附著在攪拌器上、不會馬上滴落，就換成用低速攪拌。這樣蛋液的部份就準備好了。

收起電動攪拌器，換用橡皮刮刀。

低筋麵粉過篩，每次1/3的份量，分三次加入。

用切劃的方式攪拌。每加一次麵粉就攪拌一次，重複攪拌3次，讓全部的低筋麵粉混合均勻。

最後加入融化的奶油。

快速地從盆底由下往上、用撈起的方式攪拌。

麵糊混合均勻後，倒入模具。

雙手拿起模具，往檯面叩叩地敲幾下，讓麵糊表面平滑後，放到烤盤上。

放進預熱好的烤箱中烤30分鐘。使用電烤箱的話溫度設定在170℃，瓦斯烤箱則設定在160℃。

竹籤插進蛋糕，拿起來不會沾有生麵糊的話，就代表烤好了。從模具中取出，翻過來放在烤架上。

利用烤海綿蛋糕的同時，製作草莓糖漿。鍋裡加入細砂糖。

加入水。

開火溶解砂糖。（不需煮滾，只要砂糖溶解了就好。）

草莓4顆用叉子背面壓碎。

過篩，取3大匙草莓汁。覺得太麻煩的話，用電動攪拌器也可以。

將溶解的砂糖水倒進草莓汁裡。

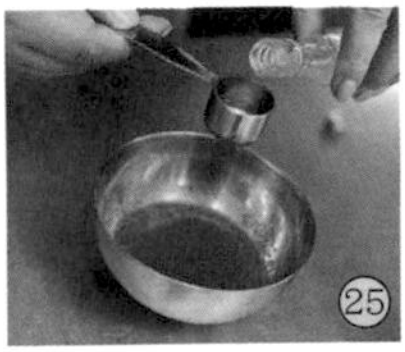

加入利口酒混合均勻，糖漿就完成了。

海綿蛋糕放涼後，拿掉烘焙紙。

翻面放到砧板上，把表面顏色較深的部份，平整地削掉。

從中間橫切片開，兩塊要同樣厚度。

草莓洗淨瀝乾，選出6顆要放在蛋糕上面、形狀漂亮的草莓，用菜刀去蒂。

要夾在蛋糕內層的9顆草莓，去蒂切半。

打發鮮奶油。放了冰塊的攪拌盆再疊上另一個攪拌盆，上方的攪拌盆內先加入鮮奶油，再加入細砂糖。

打發鮮奶油很簡單，
用手打就可以。
如果覺得太麻煩，
改用電動攪拌器也可以。

完全打發的狀態，
會很難漂亮地塗在海綿蛋糕上，
所以在打到變硬之前，
大約在「8分發」的濃稠狀態就要停止。

海綿蛋糕的下半層放到蛋糕轉台，
或者是容易切取的平盤上，
用刷子大量刷上草莓糖漿。

上層的海綿蛋糕內側也要刷上糖漿。
因為最後還要在上層的表面刷糖漿，
所以這裡不要把糖漿全部用掉。

第1層海綿蛋糕塗上8分發的鮮奶油。

擺上滿滿的切半草莓。

草莓上面再塗一層鮮奶油，
把空隙補滿，表面抹平。

第2層海綿蛋糕刷了糖漿的那面朝下，
擺到鮮奶油上，輕輕壓一下固定。

上層蛋糕的表面和側面
滿滿刷上剩下的草莓糖漿。

在整個蛋糕上塗滿大量的鮮奶油，
不過要記得留下裝飾用的部份。

用蛋糕刮刀將表面漂亮地抹平。

側面也要抹平。

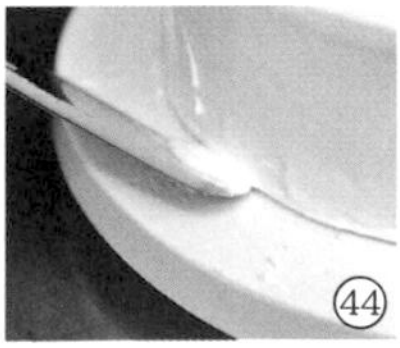

將刮刀斜插進蛋糕和轉台中間
轉一圈，製造出空隙。
這樣等一下要移動到盤子上
會比較容易。

剩下的鮮奶油打到全發，
裝入擠花袋，在蛋糕表面擠花裝飾。

擺上草莓，放入冰箱冷藏。
8分發的鮮奶油才會定型。

要吃之前放上薄荷葉裝飾，
切開後就可享用了。

聖誕烤雞。

材料（4人份）

肉——
・帶骨雞腿肉　4隻

醃醬——
・水　100cc
・鹽　1大匙
・酒　1大匙
・原味優格　4大匙
・蒜頭　3片
・薑　1片
・胡椒　少許

裹粉——
・低筋麵粉　1/4杯（25克）
・高筋麵粉　1/4杯（25克）
・鹽　1/3小匙
・白胡椒　少許

油——
・沙拉油　適量

盤飾

・西洋菜　適量

栗子抓飯

・米　2杯（約160克容量的米杯）
・去殼甘栗　1包（約80克）
・蒜頭　1/2片
・洋蔥　1/4顆
・蘑菇　4朵
・奶油　20克
・鹽　1小匙
・高湯塊　1塊

工具

・瀝油用的烤架

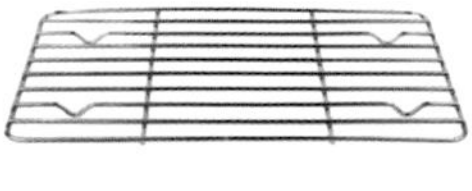

製作重點

聖誕節的時候會想吃的烤雞腿。
希望能做出有西餐風格又和白飯很搭的味道。
醃醬中加入優格是來自印度烤雞的啟發。
微酸的口感和雞肉的鮮味調和在一起，
配上清淡的栗子抓飯，相當合適。
雞腿肉使用去骨的也可以，
不過帶骨的雞腿肉汁比較多，烤出來較為鮮美。
另外，雞腿肉改用豬肋排
或是炸豬排用的豬里肌（只用平底鍋煎就可以）也不錯，
烹調的方法都很類似。

做法

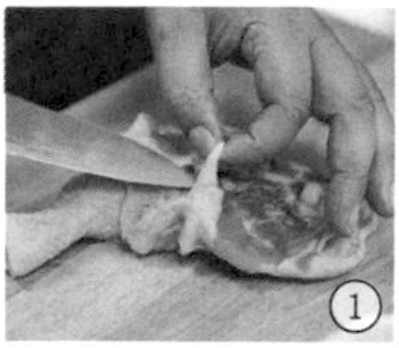

首先是前一天的準備工作。
帶骨雞腿肉要先處理好，
用刀尖剔除多餘的脂肪。

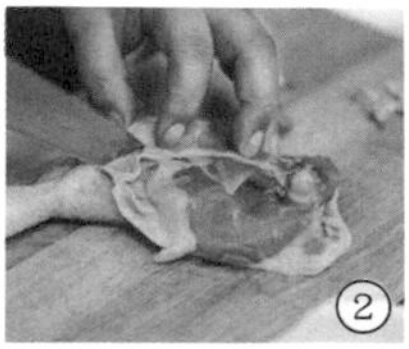

為了讓醃醬能夠入味、
煎烤的時候更容易熟透，
要順著雞腿骨切上一刀。

製作醃醬。
首先逆著蒜頭的纖維，
切成薄片3片。

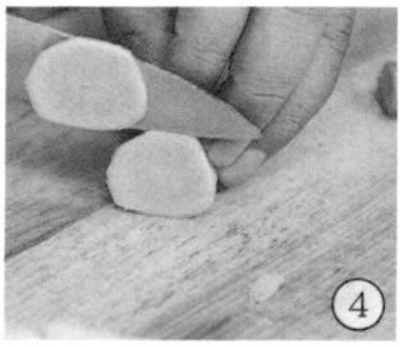

薑削皮後，切薄片1片。

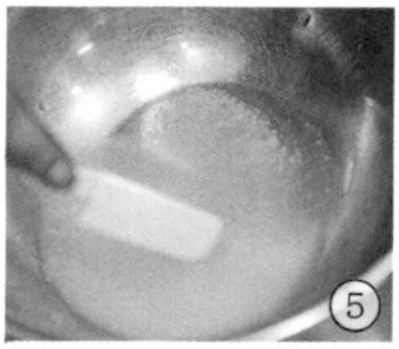

攪拌盆加入水，將鹽溶解。

接著把蒜頭和薑加進去。

再加入原味優格。

撒上胡椒，加入酒。

放入雞腿肉，用手搓揉浸泡。

包上2層保鮮膜，
第1層要緊密地貼著雞腿肉。

第2層包住攪拌盆。
放入冰箱冷藏一晚入味。
到此為止都是「前一天」的準備工作。

料理當天先準備栗子抓飯。
米洗好，放置在網篩上約30分鐘，
讓水分完全瀝乾。

洋蔥切碎。

蒜頭也切碎。

蘑菇先對半切，
然後再切成4片。

平底鍋用中火燒熱，
放入奶油，翻炒蒜頭和洋蔥。

洋蔥炒到變透明後，加入米翻炒。

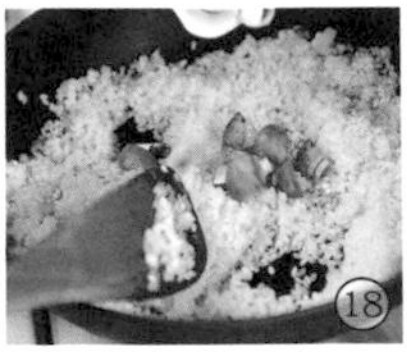

米炒到表面變透明後，
加入蘑菇快速拌炒。

倒入電鍋中，水加到2杯的線。
放入弄碎的高湯塊和鹽，
攪拌混合後開始煮飯。

煮好之後，快速攪拌一下，
再加入甘栗，這樣栗子飯就做好了。

接下來是放了一晚入味的雞腿肉。

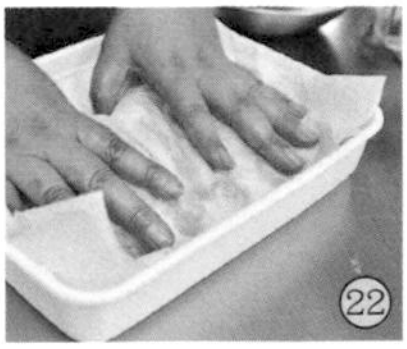

從醃醬中拿出雞腿肉，
用廚房紙巾包住壓一壓，吸乾水份。

備料盤倒入低筋麵粉、
高筋麵粉、鹽和白胡椒，混合均勻。

放入雞腿肉裹粉，
拍去多餘的粉。

燒熱的平底鍋倒入沙拉油，
先用大火將外皮朝下煎3分鐘。

煎出金黃焦色後，
翻面再煎2分鐘。
期間將烤箱預熱至200℃。

烤盤鋪上鋁箔紙，放上烤架，
擺上剛剛煎好的雞腿肉，
入烤箱用200℃烤15分鐘。

栗子抓飯盛盤，
擺上烤好的雞腿肉，
再用西洋菜裝飾就完成了。

聖誕節

清水美智子

小時候，吃東西這件事不是由自己決定。

每天都是由父母來決定的。

不管生病還是健康，通通由父母決定吃些什麼。這對我來說再正常也不過了。

「真好吃、好想再吃點什麼喔！」要是我心裡這麼想，而自己跑去弄個生蛋蓋飯來吃，肯定會挨揍。

相反地，要是哪天說「不想吃」的話，一樣會被硬塞些蘋果泥之類的食物，因為父母總覺得「只要放得進嘴裡就應該吞得下去」。

不過，假日時如果大人心情很好，也會有難得的好日子。

「太棒了！萬歲！大餐萬歲！」

「媽媽，今天不要跟爸爸吵架，什麼都說好，好不好？讓我們出去吃大餐嘛！」

一邊說一邊拉著媽媽的圍裙撒嬌。我努力地裝可愛，即使被媽媽甩開手說：「表情好噁心！」臉上的笑容還是不會散去。

想起來還真是不自由的飲食生活。

而且，當時我對這種不自由居然完全沒感覺，也不會心不甘情不願。

現在，「晚起了就吃個早午餐」、「不吃早餐反而腦袋會比較清醒」，生活中充滿了這樣的資訊，所以我變成只在自己想吃的時間吃自己想吃的東西，過著隨心所欲的飽食日子。

「爸爸、媽媽，謝謝你們今天讓我吃得飽！餐廳的老闆、廚師，謝謝你們讓我吃得好！」

這樣的想法也明顯變得淡薄許多。

感恩的心，這種應該包含在食物中的重要滋味，也許現在已經逐漸消失了。

說到小時候「讓人開心又感激的大餐」，當然就是「廟會的日子」（不過是鄉土料理）、「新年的年菜」（尤其是元旦當天）、「生日大餐」（餐廳「愛麗絲」），還有「聖誕節的晚餐」（比平常豪華很多的料理）。

尤其聖誕節這天是特別令人興奮的大日子，不但是寒假的開始，一週後又是緊接而來的新年假期，而且還是我家弟弟的生日。

所以爸媽在這天也會豪爽地大肆慶祝起來！

可是，究竟是什麼時候開始走調了呢？

「聖誕烤雞」居然會變得乏人問津。

自從胖胖的肯德基老爺爺帶著笑容來到日本以後，雞肉料理的概念產生了巨大的變化。

變成更平民、更隨性，什麼時候都可以吃的東西。

炸的比烤的更好。炸的酥酥脆脆，咬起來咔滋咔滋又鮮嫩多汁。

比較起來，那時候賣的烤雞簡直像是沒有調理過的食物。

甜甜辣辣的照燒口味。

雞皮看得到一點一點的毛孔。

一整隻連頭帶尾的動物。

一點都不精緻。

不過我還是要說，我小時候沒得比較，所以烤雞對我來說已經是讓人感動的超級英雄了。

謝謝你來到我們這麼貧乏的餐桌上！

就是這樣。

用白紙剪成的蕾絲花邊條，包捲著雞腿骨頭。

好像穿襪子一樣。
烤雞看起來也很開心。
事實上當然不可能。
但我還是這麼覺得。
而且我認為最棒的地方，就是「用手拿著吃」的這個部份。
不用筷子也不用叉子，直接用自己的手抓著餐桌上的超級英雄。
即使怕弄髒也沒關係，反正有餐巾紙包著。
彷彿擁有讚頌自由的無比力量。
一定要把你全部吃掉！我的野性也因此萌發，心中不只覺得好吃而已，更有一股特別的感覺在躍動。
是的，以前的聖誕節，就是日本的「兒童節」。
是真的。
而且大餐吃完後還會有聖誕節蛋糕。
這也是孩子們的超級巨星。
在這天蛋糕上面一樣會點蠟燭喔。
實在是可愛得不得了。
蠟燭吹熄後，會有怪味道。

噓！笨蛋，不要亂說啦。

呵呵。

反正沒關係吧？

好豐盛喔，應該要好好分配一下。

不要一開始就吃得太猛。

咦？怎麼回事？

好像有點想睡覺。

去年也是這樣嗎？

才要開始慶祝耶……

想看的電視、想玩的遊戲，

才都……準備……好……而已……

「令人懷念的蒸糕」紙盒摺法

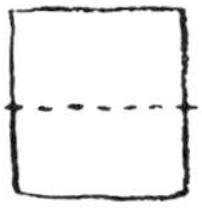

準備一張30公分×35公分的烘焙紙。

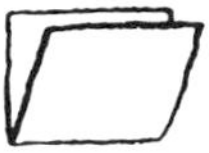

長邊對摺。

左右再對摺。

向內摺出三角形，再摺出中線。

翻面同樣摺出三角形。

將沒有開口的那面翻開朝外。

背面也一樣翻好。

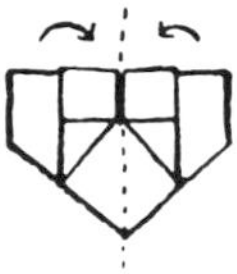

左右往中間對摺。

背面也一樣對摺。

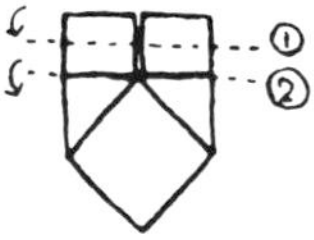

如圖所示虛線部分往下摺2次，背面也一樣。

分別用釘書機釘2針，展開成盒。

LIFE2

這道也想吃、那道也想做！的料理

作者　飯島奈美
攝影　大江弘之
翻譯　徐曉珮
完稿　黃祺芸
編輯　古貞汝
校對　連玉瑩
行銷　呂瑞芸
企劃統籌　李橘
總編輯　莫少閒
出版者　朱雀文化事業有限公司
地址　台北市基隆路二段13-1號3樓
電話　02-2345-3868
傳真　02-2345-3828
劃撥帳號　19234566朱雀文化事業有限公司
e-mail　redbook@ms26.hinet.net
網址　http://redbook.com.tw
總經銷　大和書報圖書股份有限公司（02）8990-2588
ISBN　978-986-6029-55-4
初版一刷　2014.06
定價　320元

國家圖書館出版品預行編目

預行編目
LIFE2 平常味：這道也想吃、那道也想做！的料理／飯島奈美著；徐曉珮翻譯.
---- 初版 ---- 台北市：朱雀文化，2014.06
面；公分 .----（Lifestyle；031）
ISBN978-986-6029-55-4
1. 食譜
427.1　　103000030

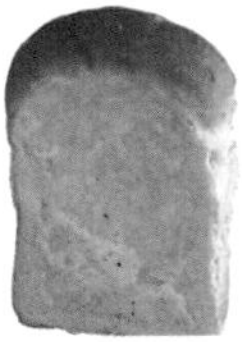

IIJIMA Nami's homemade taste

LIFE